# ニッポン おみやげ 139景

日本土産

全国通訳案内士
豊嶋 操

# はじめに

小さい頃、兼高かおるさんが世界を旅するテレビ番組が大好きで、放送のある週末だけは早起きをしていました。あれから相当な(!)時間が経ち、私は日本に居ながら外国からの旅行客(ゲスト)をご案内する、ガイドの仕事をするようになりました。

私は北欧が好きでよく旅していますが、何度も訪れていると次第に、今度はその国の皆さんに自分の国も知ってほしいなと思うようになります。運良くその国々の方とのお仕事が始まり、現在はご案内するゲストの多くが北欧の方々です。

この通訳案内士という仕事は、自分が旅人だった時の経験をそのまま生かせる、とても面白い仕事です。旅先で感じた、「こういう所を見たかった！ あんな人達と話せて楽しかった！」といったその時の気持ちを忘れず、ゲストをお迎えする時にそれを反映させています。

私自身、旅行に行けばかならず「その旅を思い出すことができる何か」を手に入れようとします。その「おみやげ」と呼ばれるものはとても不思議なもので、モノとしての価値に加えて、一種のタイムマシーンスイッチのような効果もあります。自分で買ったにせよ、もらったにせよ、見ればその場所やその時の気持ちを一瞬にして思い起こさせてくれる、すごい装置です。

通訳案内士としての私は、来日するゲストにできるだけ印象深い日本のおみやげを持ち帰っていただきたいと、いつも案を練っています。本書では、これからプライベートや仕事でゲストをお迎えするという機会に役立ててもらいたく、ガイドとしての視点・経験から選んだ例として、過去のエピソードとともにご紹介したいと思います。「うわ〜、まさかの反応が……」といったものもありますが、それも含めて楽しんでいただけましたら。

私の活動拠点は東京なので、おみやげを探す場所も東京都内が中心ですが、それぞれの土地にはそこにしかない特別なものがあると思います。本書でご紹介する品々は、ひとつの参考にしていただければ幸いです。

それではそろそろ、これから出会うゲストのためのおみやげ探しに出かけましょうか。

＊本書に掲載している内容・情報は2018年3月現在のものであり、変更の可能性があります。ご了承下さい。
＊掲載している金額は、税抜価格です。一部、税込表示しているものはその旨記載してあります。

もくじ

序章

# おみやげの選び方

Tips
for
choosing
OMIYAGE

## その1　いいおみやげってどういうもの？

これから来日する外国の友だちやお客様に、何かプレゼントしたいなと思う時ふと考えるのが、「いいおみやげって何だろう」ということです。答えはズバリ、その人が「欲しいもの」でかつ「持ち帰れるもの」。

ガイドというのは、お客様がどんなに小声で囁かれたとしても、「こういうものが買いたいんだよね〜」というつぶやきを耳にしてしまったら、何が何でも探し出したいスイッチが入り、おみやげ探しの情熱の炎がメラメラと燃え出します。

正に欲しがっているものを探すには、まずはリサーチ。具体的な商品がわかっている場合はそれを探すだけなので全く問題ありませんが、情報が少ない場合は単刀直入に聞いてみましょう。もし買いたいおみやげの輪郭がぼんやりしていたとしても、趣味や興味のあることなどを聞いていけば、大まかなおみやげのイメージが掴めます。たとえば、男性で普段から料理が趣味で、いつも使えるものがいいなと言われたら……、包丁なんてどうでしょう。その場で名前を彫ってもらったりすると思い出効果も抜群。毎日料理をする度に、思い出してもらえます。

私はまず、自分がそのゲストだったら何が嬉しいかなぁと考え、帰国したらこんなふうに使うかもしれないなぁとイメージします。そして、あれこれ想像力全開でいくつか候補を出し、その中で一番喜んでくれそうなものを選ぶようにしています。

## 渡す相手を分析しよう

「これはアタリだ！」と喜んでもらえるおみやげにたどり着くには、何から考えたらいいか。まず頭に浮かぶのは、相手がどういう人かということ。大人か子どもか、男性か女性か、仕事の関係者かプライベートの友人か、このあたりですね。日本人↙

同士でおみやげのやりとりをする場合と同じです。相手が外国の方の場合、これに加えて初来日なのか、リピーターなのかという点も考慮しましょう。初めての方には、思い出喚起という点を重視して、いわゆるベタなおみやげも良いと思います。一方、リピーターの方には、ちょっとひねりのあるものを選ぶとより喜ばれます。

さて、次におみやげを買いに行きましょう。選ぶ方もわくわくしますね。でも、いくつか頭に入れておかないといけないポイントがあります。食品を選ぶなら、消費期限とアレルギー。あなたがおみやげを渡したい方は、いつ日本を発つのでしょうか？　国に持って帰って包みを開いたら、なんとカビだらけ！！……これではあまりにも残念。そしてもし可能なら、アレルギーの有無や習慣的に口にしないものを聞いておくことも大事です。小麦、乳製品や卵といった多くの食品に入っているものがダメ、というケースもあるので注意が必要です。

さらにもうひとつ気を留めたいのが、重さと嵩(かさ)。もらったゲストは遠路はるばる持ち帰らないといけません。おみやげを買いこむ傾向のある日本人旅行者と違って、海外から来られた皆さんは、スーツケース内におみやげ用スペースを確保しておくことは少ないのです（爆買いはさておき)。またファーストクラスで飛んで来るごく一部の人を除いて、ずっしり重くてかさばるものもちょっと厄介。重量感のあるものや緩衝材でぐるぐる巻きにしないと持ち帰れない割れ物は、相手の意向を聞いてからにするのが良いと思います。ただでさえ、旅行でお疲れの方のダメ押しにならないよう、心を配るのもおもてなしのひとつかと思います。

日本土産

EPISODES OF

# OMIYAGE

For Your Best Choice

# 1章

## 定番おみやげ

Popular gifts

NO. 001
|
NO. 036

日本ビギナーに
おすすめの
“外さない”おみやげをご紹介。
定番といわれるものにも
様々な理由がありました。

NO.

# OOI

## 底に富士山が見えるグラス

5,000円

### Glass with Mt. Fuji cutout at the bottom

Enjoy views of Mt. Fuji from various angles. Drinks and lighting give different expressions to the mountain at the bottom of the glass.

日本のおみやげの中でおそらく最も多くモチーフとして使われているであろう、富士山。関西方面へ向かう新幹線に乗って富士市あたりに近付くと、右側の窓に張り付く観光客が続出するほどいつも大人気です。特に、8時間かけて山を登りご来光を浴びた経験のある人にとっては、ひときわ特別な存在となっているようです。その霊験あらたかな雰囲気をも取り込んだこのグラスは、山ごと持って帰りたい！と願う“富士山フリーク”にはぴったりのおみやげ。底に刻まれた立体的な富士の姿は、グラスに液体が入っていなくても十分美しく、飛行機で上空を飛ばないと見ることのできない景色が掌の上に！ お水を入れてみると……なるほど神々しさ漂う富士山が。ではウーロン茶を入れてみると……なんと底に見えるは赤富士！ 色の濃いお茶類を注ぐと朝焼けのワンシーンが現れます。これを見たら「凱風快晴」を描いた葛飾北斎も「欲しい！」と言いそうです。やってみたことはないのですが、外国では緑のソーダやクランベリージュースなどが注がれて、もしかすると日本人の知らないところで「緑富士」や「紫富士」が誕生しているかもしれません。

NO.
# 002

## 江戸切子グラス

左15,000円
右16,000円

## Edo Kiriko cut glassware

Glass cut with exquisite patterns is designated as a Traditional Craft of Tokyo.

Oh!

もしプレゼントとして江戸切子を渡したとすると、相手は包みを開けた瞬間、必ず「Oh！」と言います。繊細に刻まれた模様を目にすれば、“気合の入った”おみやげなのは一目瞭然。黒船に乗ってやって来たペリー提督にも献上された江戸切子、お値段はちょっと張りますがその由緒正しさを思えば当然のこと。国・東京都の指定伝統工芸品であるということは、国産品でなおかつ手作りでなければいけないということ。買う時にしっかりチェックしなかったので、切子と表示してあっても実は輸入品だったというオチをよく聞きます。数千円から数万円の価格帯なので、しょっちゅう誰にでも差し上げるわけにはいかないけれど、ここぞという機会に勝負みやげとして選ぶと、ちゃんと役割を果たしてくれると思います。ちなみに過去、男性ゲストが母国にいる想いを寄せる女性のために、桐箱に鎮座した細かな矢来文様のペアグラスを大枚はたいて買うのを見ました。そこまでいかなくても、赤や青の色被せを施した小さい酒猪口などは、特別感のある気の利いたおみやげだと思います。ただし、輸送の際の備えは可能な限り周到に！

NO.
# 003

## 和紙の茶筒

450円
（税込・100g缶）

### Tea canisters decorated with Japanese paper

Why not store your green tea in a canister decorated with Japanese paper? Of course you can use one to hold candy and other items.

日本に来る前から日本茶を好んで飲んでいて、来たらここぞとばかりに茶葉を買っていくというのはよくあることですが、それを保存する容器まで最初からおみやげリストに入れている人はなかなかいません。袋入りの茶葉を差し上げてハイ終わり、ということでももちろん良いのですが、和紙でデコレーションされた茶筒も一緒だと、かなりの好感度UP間違いなし。実際、お茶屋さんに行くと和紙の茶筒を置いているところも多いので、それがゲストの視界に入ったらさあ大変。大きなお店なら缶の大きさもいろいろ、柄も2、30種類はあるので選びだしたら止まらない……。定番の「さくら」や「梅」といった花柄も人気ですが、インテリアに馴染みやすい「矢がすり」「麻葉」などの伝統柄を買っているのをよく目にします。ある人はお店に展示用としてあった、直径20cmくらいの巨大な茶筒を店主に頼み込んで無理やり買っていたので、何に使うのか聞いたところ、編み物用の毛糸を入れておくのだとか。まぁ、それもアリですね。飾って楽しめ、使い方も自由、さらに軽くて持ち運びに便利なおみやげの優等生だと思います。

NO.
# 004

## 桜の形の湯呑

700円
（税込）

### Tea cup in the shape of a cherry blossom

Pour tea into this cup and
you can enjoy the shape of
a cherry blossom all year round.

おみやげにお茶を選ぶ時、一緒に湯呑もというパターンもよくあり、特にハネムーンや何かの記念で日本に来て下さった方にセットにしてプレゼントしています。旅の思い出の湯呑となれば、益子や織部、信楽、有田など日本各地の焼き物もいいけれど、桜の花をかたどった真っ白な湯呑が手ごろなおみやげとしておすすめ。濃い目に淹れた緑茶を注ぐと、緑の桜の花が現れます。桜湯の味が苦手でなければ、桜の塩漬けと一緒に渡して（作り方の説明も必要ですが）、日本情緒を2倍楽しんでいただくというのはどうでしょうか。

NO.
# 005

## 急須

6,800円
（税込）

### Teapots (kyusu)

Serve green tea
in a Japanese teapot with a grip.
Delightful souvenir
for pottery lovers.

お茶を淹れるというと、アジアのお茶文化にあまり親しみのない人は、紅茶と同じようにティーポットを使うものだと思うようです。もちろんそれでも良いのですがここはひとつ、取っ手を持って蓋を押さえて、優雅にお茶を淹れてもらおうと急須をおすすめすると、喜んでもらえることが多いです。焼き物としても楽しめるので、目と舌の両方で旅を思い出させてくれるはず。焼き物の種類に加えて、この頃は持ち手が逆になっている左利き用の急須もあり、きっと使う方にぴったりのものが見つかると思います。

# 箸

各種
1,500〜3,000円

## Chopsticks (hashi)

Chopsticks are a symbol of
Japanese food culture
and come in a wide variety
including those from places famous for
lacquerware (as Yamanaka and Wajima)
as well as those made from
diverse materials including bamboo.

軽くて持ち運びしやすいお箸はとても人気のおみやげのひとつです。色も素材も様々で選び甲斐がある分、迷いだしたらキリがないことも。海外でも和食の普及に伴って、この頃は多くのゲストが使い慣れたものですが、これまであんまり和食になじみがないという方々には子ども用のリング付き箸を選んでみるのも良いと思います。せっかく使っていただくのだから、私は先端が細いものの方がつかみやすいことや、差し箸・寄せ箸・ねぶり箸など使い方におけるタブーもついでにお話しすることにしています。ある時、お茶碗山盛りのご飯にブスッと垂直に２本立てた方がいたので、「それは亡くなった人に供えるスタイルだからね」と言うと、勝手に「ゾンビスタイル！」と名付けて喜んでいましたが、一応ダメな使い方であると伝わったようです。それと、お箸をプレゼントするにあたって、ひとつだけ注意点が。大抵「これ、何の木から出来ているの？」と聞かれるので、木の名前は下調べをしておくことをおすすめします（ちなみに英語で黒檀はebony、欅はzelkova）。

NO.
# 007

## 箸置き

各種
700〜1,000円



### Chopstick rests

These rests catch your eye every time you put your chopsticks down. They come in infinite designs and shapes. You might like to choose some for each season.

お箸を買うなら一緒に箸置きもセットでプレゼント、というのも良いアイディアだと思います。せっかく自国にお箸を持ち帰ってもらっても、食事の際にテーブルにべったり置いてしまうのはちょっと気になるし、だからといってナイフ・フォーク用のカトラリーレストに置くのもしっくりきません。ここはやっぱり箸置きを使って、食事中に目でも日本を思い出しながらご飯を食べていただきたいところ。お箸屋さんの箸置きコーナーを覗いてみれば、四季折々の花から、ちょっとしたインテリアにもなりそうなスタイリッシュなもの、また串だんごのようについ食べたくなってしまいそうなものまで選び放題。家族全員へのおみやげとして素敵な箱入りの5個セットを選んでもお値段はかわいく済むのがまた嬉しいところ。猫や鳥など動物シリーズも人気なのですが、良かれと思って渡した後に、「実は子どもの頃、犬にかみつかれたことがあって、それ以来犬の苦手なんだよね」といった衝撃の告白をたまにされることも……。動物シリーズの場合は特に事前にしっかり相手の好みの調査をしましょう。

# 漆器のお椀

7,600円
（税込）

## Lacquered bowls

Lacquered bowls for serving soups can be used as a container for anything.
Bowls with lids offer the excitement of discovering what is inside.

Beautiful!

漆器は英語で“japan”、その名のとおり正に日本的なおみやげとして高い人気を誇ってきました。一見、「なんだか高そう」なのと「お手入れしにくそう」なので、持ち帰ってもちゃんと使うのか？と疑問に思っていましたが、どうやらガンガン使う派とアートとして飾っておく派に分かれるようです。漆器といっても銘々皿やお盆などバラエティ豊かですが、最もポピュラーなのはお椀。日本でお椀といえば汁物を入れるものですが、「何を入れるの？」と聞いてみると果物、ポーリッジ（お粥）と自由な答えが返ってきます。これでコーヒーを飲んだらだめなの？というちょっと返答に窮する質問を受けたこともあったのですが、「飲んでもいいけどフタはしなくていいと思うよ」と答えておきました。これまでで一番高い購入品は、お正月のお屠蘇セット。クリスマスは盛大に祝ってもお正月はさっさと済ませるはずなので、お屠蘇セットの出番はないのに……と思ったら、やはり季節は関係なく、年中無休でリビングに飾っておくのだそう。いずれにしろ、ザ・ジャパンなイメージの漆器類が好評なおみやげであることは間違いありません。

NO.
# 009

## 箸ケース

2,600円
(ケースのみ)

### Chopstick holders

Take your own pair of chopsticks with you in these holders. They come in various forms like cases and pouches.

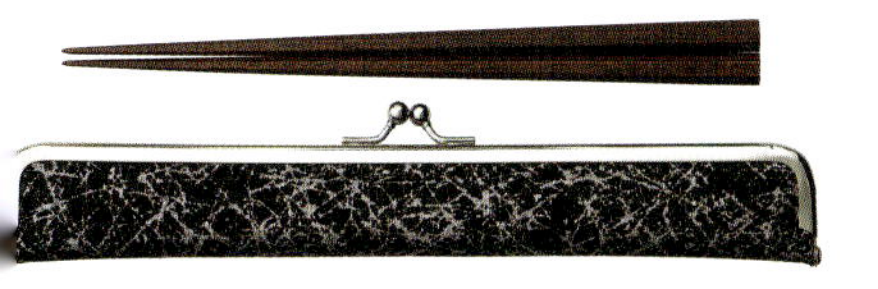

箸、箸置き、ときて箸ケースまで自ら探す人はなかなかいません。ゲストに聞くと、マイ箸をケースに入れて持ち歩くこと自体が斬新なようです。「紙のケース（割り箸袋）じゃだめなのか？」と聞かれることもありますが、こっちの方がスマートだし、“紙ケース”よりも環境に良いでしょ、と答えると「なるほど、それはぜひ使ってみたい」となり、日本の食文化を反映した良いおみやげと認識されていきます。細くてスッキリしたデザインのものが人気。たま〜に筆記用具を入れている人を見かけますが、ま、いいか。



NO.
# 010

## ようじ

700円

### Toothpicks

These picks often seen at restaurants are used to secretly take care of your teeth.

外国のレストランのテーブルであまり見かけないもの、それはようじ。そもそも人前でシーシーするのもどうかという話ですが、日本の飲食店のテーブルに置いてあるとゲストも使っているので、あれば便利なはず（もちろん隠してシーシーが原則）。しかし、専用のケース（ようじ入れ）というものがあったり、駅弁についている割り箸袋に1本ひっそり挿入されていることを考えると、日本独特の文化かなと思います。ここはひとつ、桐箱に入った柳の高級ようじを差し上げて、食後の身だしなみ文化を紹介してみるのも良いかも。

NO.
# 011

## 扇子

左1,300円
右3,000円

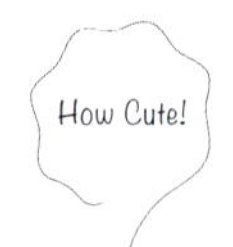


## Folding fans (sensu)

Beautiful folding fans can be used
not only for creating a breeze
in the summer heat,
but also as a refined decoration.

　暑い日本の夏に欠かせない2大アイテムのひとつ、扇子。外国人観光客の皆さんが、うちわと扇子が並べられてるお店に入っていくと、扇子を買う人の方が少し多いようです。どうしてか聞いてみると、たためてポータブルだからね、と至極納得のお答え。来日回数も多く、もっと日本事情通な人などは、「扇ぐためだけじゃなくて、着物を着る時は手に持つんでしょ？　踊りで使ってるのもみたことある！」。さらには「口をこれで隠すんでしょ？　日本人の女の子が笑う時に口を手で隠すのは扇子の代わりなの？」。お〜、かなり鋭いですね。その昔、那須与一は扇子を弓の的にしたけれど、やがては落語や茶道に欠かせない小道具として、一般人も愛用してきた汎用性のとても高い便利アイテム。オリンピックのシンボルデザイン候補として描かれるほど日本を象徴する扇子は、おみやげとしてもずっと人気上位です。扇子屋さんによれば、ビジネス上の贈り物の場合は、風神雷神や舞妓が描かれたザ・和風な図柄、個人でおみやげにする場合は幾何学模様や単色のシンプルなものなどが好まれるのだそう。

NO.
# 012

## うちわ

左から3,800円 2,300円 1,400円
（すべて税込）

## Round fans (uchiwa)

Send a breeze to places
without air-conditioning
in the summer heat.
Can also be used as an ornament.

夏にゲストと歩いていると、プラスチックうちわをもらうことがあります。「いいね、これ！（しかもタダ）」。うなぎ屋では、備長炭の煙をバタバタと扇いでいるのを見て「あれもいいね！」。さらに京都に行くと、「あの日本語が書いてあるのを買いたいんだけど」。それって、舞妓さんの名前が赤字で書いてある、あれですね。そんな時は代わりに和紙や浴衣生地を使った華やかなうちわをすすめています。差し上げる際には「でも、うなぎ屋みたいにバーベキューでバタバタ扇がないでね」と一応念押しを。

NO.
# 013

## 着物帯

2,000〜5,000円
（参考価格）

### Kimono sash (obi)

Obi is the sash worn with a kimono.
As a long piece of artwork it can be used to adorn a table or other furniture.
Or look at it as fabric which can be remade into fancy outfits and other items.

着物と帯をセットで買いたいけど、実際に自分では着られないし……と思うゲストが次に考えるのは、帯のみを持ち帰って別の用途で生かすという選択です。帯の長さを生かしてそのままテーブルセンターとして使う方がいる一方、バッグを作る、服を作るといったリメイク派もいます。金糸をあしらった豪華なものから、幾何学模様のモダン柄まで多種あります。ただ、リサイクル品を買う場合、実際にどんな柄が手に入るかはその時の運次第。鮮やかで目を引く柄から売れていくので、プレゼントの予定があるのなら、早めに探しに行くのが正解です。相手の雰囲気を思い浮かべながら探し続けて、ぴったりの柄が見つかった時は「よーし！」という感じになります。ちなみに帯の長さはだいたい4m前後。以前自分好みの柄を入手した時に、私も真似して自宅のテーブルにレッドカーペットのごとく、くるくると勢いよく広げてみたら……テーブル幅が狭すぎて反対側の端が床についてしまいました。テーブルセンターにという案はとても素敵なのですが、その前に我が家はまず、ダイニングテーブルを買い替えなくては。

NO.
# 014

## 着物

4,000円

## Kimono

New silk kimonos are very expensive, but second hand kimonos are offered at reasonable prices.
You will also need to get obi, underwear and other items if you want to wear a kimono.

特別なおみやげとして、多くのゲストがこれだけはぜひ手に入れたいというのが着物です。観光地では背中や袖に龍の刺繍があったり、サテン地でテカテカしている"別物"が多く見受けられます。とはいえ、妥協せずに新品の正絹のものとなったら予算数万円では手が届かないので、代案としてリサイクル着物店を覗きに行くことになります。振り袖は難しいけれど、ここならシンプルな柄やちょっとレトロなものでちゃんとすぐに着られる一着が手に入ります。日頃からリサイクル着物店をチェックしておくと安心ですよ。

NO.
# 015

## 浴衣

2,000円

## Yukata

Cotton kimono worn after taking a bath and in summer.
Traditional yukata have designs combining white and blue which give a cooling impression.

ゲストは日本で旅館やホテルに泊まった際に初の浴衣体験をすることも多く、その着心地が気に入り「ユカタ、買いたいんだけど」とよく言われます。でも実は店頭で探すのがちょっと難儀な品なんです。というのはmade in Japanでない製品が結構多くて、「おっ、やっと浴衣らしい柄があった！」と思ったのにタグをみて意気消沈という経験は数知れず。観光地のおみやげ屋さんよりも、商店街の洋品店や和装小物店の方が"ちゃんとした"品があったりするので、常日頃から要チェックです。

NO. 016

## 和紙や千代紙の小物

六角ひし形箱1,800円

### Japanese paper (washi) and paper products

Enjoy the gentle texture and beautiful traditional patterns of Japanese paper and items for practical use made from them.

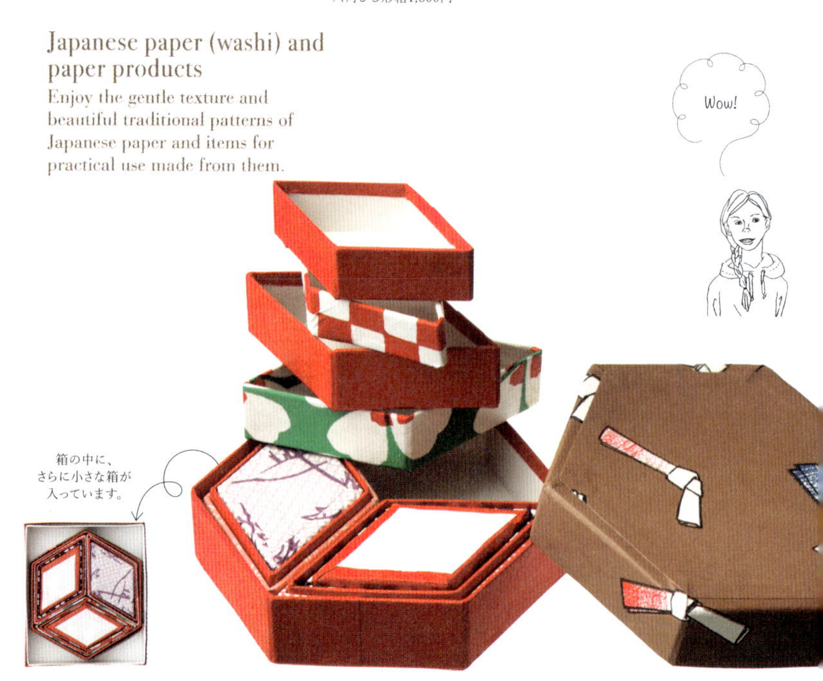


ゲストの間でも和紙の認知度は高く、地方色が豊かでとても多くの種類があることを話すと、お気に入りの紙自体を持ち帰りたいという方から、自分で紙を漉いて作ってみたいという方まで様々な要望が出ます。お店で売っているものも自分で漉いたものも、ひとつとして同じものがないという点がまた魅力。実際に和食店などを訪れてみて、和紙が照明や障子のようにほどよく光を通すアイテムに多用されていることを知ると、思い切って少し大きめのランプシェードなどを買う方もいます（障子はさすがに無理ですけどね）。他には、極彩色の千代紙やそれらで作った小物類もおみやげにはうってつけ。ノートや小物入れなど毎日使って楽しめる気軽さがうけているのではないかと思います。特に人気があるなぁと感じるのが入れ子の小箱。マトリョーシカの箱バージョンです。六角形の箱を開けると全部違う柄の小箱が、出てくる出てくる出てくる……。気に入ってくれるのは大変嬉しい一方で、「えーと、これが青海波(せいがいは)で（Wi-Fiマーク？と聞かれました）、次が亀甲で……」とすべての柄を説明するのがたまーにしんどくなってしまうのでした。

NO.
# 017

## 浮世絵複製画・ポストカード

複製画13,000円
ポストカード各100円

### Reproductions and postcards of woodblock prints

Ukiyoe prints offer a glimpse into Japanese scenery in the Edo period. They are very popular and exhibitions are held around the world.

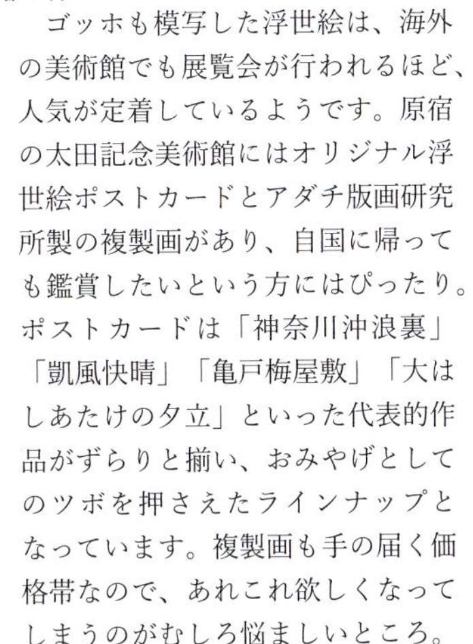

ゴッホも模写した浮世絵は、海外の美術館でも展覧会が行われるほど、人気が定着しているようです。原宿の太田記念美術館にはオリジナル浮世絵ポストカードとアダチ版画研究所製の複製画があり、自国に帰っても鑑賞したいという方にはぴったり。ポストカードは「神奈川沖浪裏」「凱風快晴」「亀戸梅屋敷」「大はしあたけの夕立」といった代表的作品がずらりと揃い、おみやげとしてのツボを押さえたラインナップとなっています。複製画も手の届く価格帯なので、あれこれ欲しくなってしまうのがむしろ悩ましいところ。

NO.
# 018

## お守り

各神社による

### Omamori

Omamori are amulets sold at temples and shrines.
What will you wish for?
Good health, a good match, or good business?

日本に来たら一度は神社を訪ねる旅行者が多いと思います。投げたお賽銭が箱に入らなかったり、1回余計に拍手したりとてんやわんやのお参りを終えたら、大抵寄るのがお守り売り場。綺麗な布地でポケットにしまえるサイズなのが安定した人気の秘密。各神社に様々なお守りがあり、漢字が読めればこれは合格祈願、あれは商売繁盛とわかります。あるご夫妻のご主人、私がちょっといない間にお守りをお買い上げ。それは後で「良縁祈願」とわかったのですが、奥様は「そりゃ良かったわね（ニヤリ）」という大人の対応でした。

NO.
# 019

## 風呂敷

1,800円

### Wrapping cloth (furoshiki)

These square cloths have been used to wrap gifts and have served as a substitute for bags from the old days.

何かと包むカルチャーの出番が多い日本ですが、「包むもの」そのものがプレゼントになるというのはちょっと面白いかも。外国語で書かれた包み方の本も出ているので、それも一緒にあげると喜ばれます。瓶などを（しかも2本一緒に）難なく運べる形にできるのは驚きのようです。「これなら場所もとらないから、季節に合わせた柄をいくつも買うことができる」と言っていた方もいました。"季節に合わせた"のくだり、これは日本のおみやげ選びで重要なポイント！　また専用ハンドルを使えばバッグにも早変わり。

NO.
# 020

## 忍者コスチューム

大人用5,180円　子ども用4,320円
（すべて税込）

### Ninja costume

Costumes for kids and adults who want to become Ninja spies. Sizes are available for the whole family.

お子さんへの日本の3大みやげといえば、ニンジャ・ポケモン・トトロでしょうか。中でもニンジャは男の子に大人気。かつてはハロウィンの時期でもなければ売ってなかったのですが、近頃は一年中買えるうえ、子ども用はサイズが各種揃っているので、コスチュームがだぶだぶで動きにくそうなニンジャになってしまう事態は避けられます。そして子どものものを見ると、大人も欲しくなるらしく、時々かなり長身の方が「自分用も欲しい」と言い出すのですが、さすがに入手困難。堪「忍」していただきたいところです。

NO.
# 021

## てぬぐい

各種
1,080～2,800円
（すべて税込）

## Japanese hand towels (tenugui)

Long thin cotton cloths can be used to wipe your hands and body, as a head band or head cover at festivals, and in many other ways.

Beautiful!

日本人にとっててぬぐいの用途といえば、手や体を拭く、使い古して色褪せたら雑巾に、などとあまり深く考えることもないですが、古くは奈良時代までさかのぼるとても歴史のある生活用品。反物から作るてぬぐいは、切りっぱなしだから乾きやすいという利点もあります。「縫わなくていいのかな」と思っていたら、ちゃんと理にかなっていたわけです。てぬぐいをおみやげにもらったゲストは、もっぱら額装して部屋に飾ることが多いとか。確かにてぬぐい屋さんに行くと、季節に応じた植物や花火、門松といった風物詩に浮世絵など、絵としても楽しめるものがたくさんあります。来日回数が多く神社やお祭りでおみこしを担いだことがある人は、頭に巻いたりする必須アイテムであることも知っています。ただし時々、「あ～ジャパニーズメンズアンダーウェアね？」とふんどしと勘違いしている人がいるので、「パンツにしてもいいけど、全部隠れないので気をつけてね」と言っておきます。実用性・鑑賞性を兼ね、しかもかさばらないので、困ったときのお助けアイテムにも。あれこれ柄を取り交ぜてプレゼントするのも楽しいですよ。

NO.
# 022

## 風鈴

ゴールド4,600円
シルバー5,000円

### Wind bells (furin)

Wind chimes ring to the subtlest breeze making us feel cooler in the summer heat.
Furin of modern designs are popular as an interior ornament.

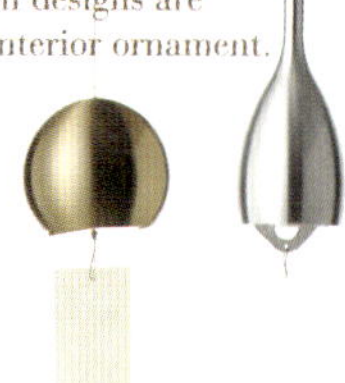

海外にもウィンドベルはあるけれど、それは主に玄関チャイムです。風で鳴る音が季節を感じさせてくれるのは風鈴ならでは。ガラス製の江戸風鈴が奏でる夏らしい涼しげな音もいいですし、鋳物の風鈴の凛とした音色も捨てがたい。ただ、持ち運びの点や外国の家のインテリアとの相性を考えると、形はよりモダンでシンプルなタイプの風鈴がおみやげとして喜ばれるようです。不本意にも蒸し暑い真夏の日本に来てしまった方も、持ち帰った風鈴の涼しい音色を楽しみながら、少しでも良い思い出を付け加えてもらいたいものです。

NO.
# 023

## 印伝の小物

たかねキーケース(上)2,400円
小物入れ(下)1,300円

### Inden products

Made in Yamanashi prefecture.
Inden is a traditional handicraft of applying lacquer patterns onto deerskin.
Patterns with dragonflies and Mount Fuji are well-loved and believed to bring good fortune.

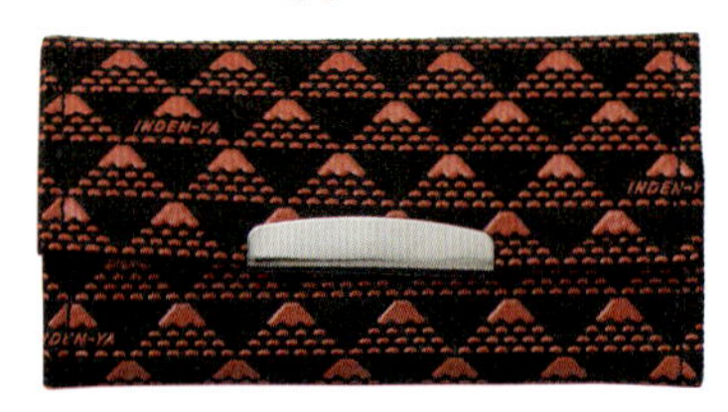

鹿革に漆で模様を描いた印伝は、日本を代表する工芸品。鹿革の歴史は正倉院に収められているほど古く、昔は馬具や武具、また日用品に使われていたようですが、現代のおみやげに生まれ変わった印伝製品は形も色も様々。日本人なら印鑑ケースやパスケースなどが使いやすそうですが、ゲストへのおみやげならばキーケースや小物入れなどがおすすめ。黒×赤などシックな色合わせも喜ばれそうです。富士山をモチーフにした柄や、“勝ち虫”と呼ばれ縁起の良いトンボ柄(勝利に向かって真っすぐ前に飛んでいくから)を選んでみては？

NO.
# 024

## 招き猫

800円

### Beckoning cats (maneki neko)

These cats bring good luck to shops.
It is said that those with
their right paw raised beckon money
and left paw raised beckon customers.

いつもその見た目のかわいさとご利益で、大人気のまねき猫。右手は金運、左手は人を招くといわれています。まねき猫の寺として有名な世田谷の豪徳寺に行くといつも外国人観光客でにぎわっていて、本当の意味でまねき猫のご利益ぶりを実感します。置物を扱うお店に行くと一般的な白い猫が大半ですが、それに交じって全身金色（とにかく金運よろしく！！という感じ）、全身黒色（眼光鋭く、凄みを感じる容貌……）といった個性豊かな猫もいます。良く見ると両手を上げてお金も人もかき集めようとしている強欲、いや、気合の入っている猫もいるので、もしこれから事業を起こしたいという方だったら、ぜひこちらのバージョンで。お店によっては自分で猫の顔を描いたり、色をつけられることもあるので、一緒に行ってオリジナルまねき猫を誕生させてみるのも良いかもしれません。しかし、なぜかこのまねき猫、飲食店などの店頭によく置いてあるような色白・目パッチリの定番タイプはなかなか売っている場所も少なくて、探すのにちょっと苦労します。なので、見つけたらぜひ、すぐさま捕獲を！

NO.
# 025

## 組み紐ストラップ

1,200円

### Japanese braids (kumihimo) for phone straps

With a history of over 1000 years Japanese silk braids glow with silk. Japanese colors, and excellent craftwork.

仏教とともに伝来し、その後装身具として普及した組み紐は京都、三重、東京と各地で発展してきました。1000年以上も続く日本が誇るテキスタイル技術です。現代でも組み紐はスニーカーや、大ヒットアニメ映画『君の名は。』のカギとなるアイテムとして登場、といろいろなところで活躍しています。おみやげとしては携帯ストラップやアクセサリーが中心ですが、組みの技術を生かしたコースターや名刺入れなどもあります。絹糸の光沢が醸し出す高級感と日本的な美しい発色も、その人気に一役買っていると思います。

NO.
# 026

## 着物柄の小物

眼鏡ケース500円
ペンケース550円
ポーチ500円

### Products with kimono-patterns

Bring home kimonos in the form of pen cases, pouches and other products made from fabric with kimono patterns offered at affordable prices.

着物は高額すぎる、持ち帰るのにかさばるなどの理由で泣く泣くあきらめた方も、小物ならば気軽に買って持ち帰ることができます。ポーチやお財布、ペンケース、眼鏡ケースといった柄を生かした小物は、華やかさはそのままに実用的なおみやげです。

NO.
# 027

## 手芸用生地

各種
480〜580円

### Fabrics for sewing

Fabrics are great gifts for people who love handmade items. Fabrics in Japanese patterns will bring home memories of your trip.

手芸好きな人はどこの国にも大勢いるようです。日暮里の繊維問屋街を端から端まで歩けば、ありとあらゆる生地や手芸用品がこれでもかというほど並んでいます。リメイクに良さそうな和柄の生地や、コスプレ用のサテン地や合皮など、目的に応じた生地を見つけられますよ。

NO.
# 028

## 法被

10,000円

### Happi coats

Happi coats are worn on festive occasions and by workmen. Why not wear one to a Japanese festival?

日本人にとって法被(はっぴ)はお祭りの衣装という認識だと思います。一方、ゲストの皆さんは壁に飾って楽しむのが目的のようで、背中や襟のデザイン重視で予算に応じて選んでいるようです。薄手のものから、重量のある生地で作られた本格的なものまで各種あります。

NO.
# 029

## 消しゴム

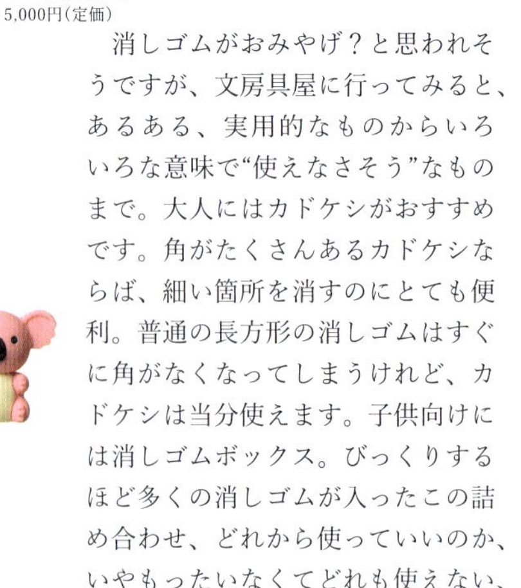

ボックス(100個入り)
5,000円(定価)

### Cute erasers

Cute erasers in the form of foods, animals, and many other things bring smiles to everyone and can actually be used.

消しゴムがおみやげ？と思われそうですが、文房具屋に行ってみると、あるある、実用的なものからいろいろな意味で“使えなさそう”なものまで。大人にはカドケシがおすすめです。角がたくさんあるカドケシならば、細い箇所を消すのにとても便利。普通の長方形の消しゴムはすぐに角がなくなってしまうけれど、カドケシは当分使えます。子供向けには消しゴムボックス。びっくりするほど多くの消しゴムが入ったこの詰め合わせ、どれから使っていいのか、いやもったいなくてどれも使えない、とジレンマに陥りそうです。

NO.
# 030

## けん玉

700円

### Kendama toy

This traditional Japanese ball-and-string toy immerses players to get the ball onto the cup of the wooden toy.

日本の伝統的なおもちゃが欲しいと言われたら、迷わずけん玉を。そのルーツはフランスともいわれ、ゲストの方の多くも「これ知ってる！」と親しみを感じるようです。民芸品として広く売られている日本のけん玉は配色も美しく、インテリアにもなるおみやげなんだとか。

NO.
# 031

## KitKat

Japanese chocolate wafers in an assortment of flavors including matcha, wasabi, and special local flavors.

## キットカット

袋500～600円
箱800円
（いずれも希望小売価格）

どこの国でも、周囲に「旅行に行くんだ～」と一旦口走ってしまったら、必要になるのがバラまきみやげ。キットカットはその代表例です。私も自分が海外に行く時は、最新作を多めに持っていったりします。間違いなく喜ばれて、気軽に渡せる重宝なおみやげの代表選手。いまや定番の抹茶味に加えて、イチゴにブルーベリーに柚子などの季節の果物シリーズ、少し変わったところだとしょうゆ・味噌・日本酒などの調味料シリーズ、と200種類くらいある中でも成田空港や羽田空港に行くといろいろな限定モノやキワモノが見つかります。個人的にこれはイケる！と思ったのは伊藤久右衛門ほうじ茶味（京都限定）。もし外国の方にナゾの味を体験してもらうなら、おしるこ味、ずんだ味、八幡屋礒五郎一味アジ（長野限定）あたりでしょうか。新作を見つけたら味見をしておくといいですよ。限定品はその土地でしか買えないのが難点ですが、チョコレートが嫌いな人ってあまりいないので、たくさん必要な状況で迷ったらこれ、です。ただ、暑い国の方や真夏にあげるのはとても危険。中のウエハースが見えるくらいチョコが溶け出しますから。

NO.
# 032

## 緑茶

600〜1,000円

### Green tea (ryokucha)

The first tea leaves of
the year are picked in May
and processed into fine green teas
known as Sencha and Gyokuro.
Appreciate the refreshing flavor.

煎茶

玄米茶

「このグリーンティーって香りがないの？」と言われて、慌てて一口飲んでみると、いや、ちゃんと清々しい緑茶の香りがします。よくよく聞いてみれば、紅茶でいうアールグレーなどのフレーバーティーのように、ベリーやピーチといった“緑茶でない”香りがついていないという意味でした。確かに外国のスーパーでお茶の棚をみると、かなり違和感のある「フレーバー緑茶」がズラリとあり、茶園を営む親戚がいる私としては、への字口にならざるを得ません。なので、日本みやげとしては深蒸し煎茶でも玉露でも良いので、これぞ緑茶というものをお勧めしたいと思います。もし5月の来日ならば、ぜひ新茶を。抹茶もいいと思うけれど、母国に帰ってから点てるためには、お道具一式もプレゼントして点て方もひととおり伝えないといけないので、ハードルが上がります。緑茶のほかには玄米茶も好まれますが、ポップコーンのように炒ってある米が香ばしくてとても美味しいらしく、それだけ先につまんでポリポリと食べつくしてしまった、という人がいました……。それじゃ玄米抜き玄米茶、つまりそば屋の天抜きと同じなんだけど。

NO.
# 033

## ほうじ茶

700円

### Roasted green tea (hojicha)

Enjoy hojicha after meals.
The roasted aroma
and clear aftertaste is
why it is offered at
many eating places.

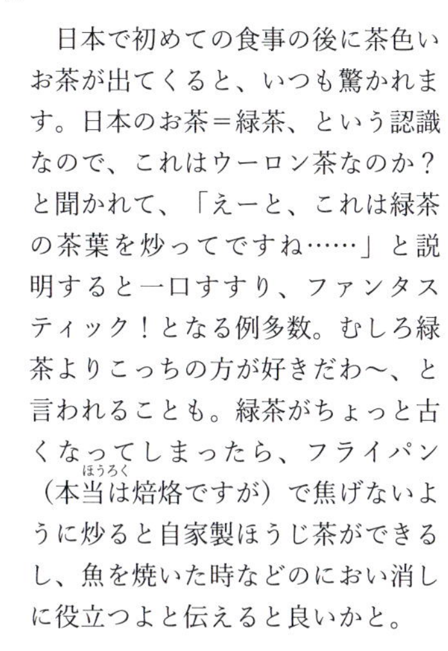

日本で初めての食事の後に茶色いお茶が出てくると、いつも驚かれます。日本のお茶＝緑茶、という認識なので、これはウーロン茶なのか？と聞かれて、「えーと、これは緑茶の茶葉を炒ってですね……」と説明すると一口すすり、ファンタスティック！となる例多数。むしろ緑茶よりこっちの方が好きだわ〜、と言われることも。緑茶がちょっと古くなってしまったら、フライパン（本当は焙烙ですが）で焦げないように炒ると自家製ほうじ茶ができるし、魚を焼いた時などのにおい消しに役立つよと伝えると良いかと。

NO.
# 034

## 抹茶味のお菓子

抹茶どら焼き231円

### Matcha-flavored sweets

There are numerous variations of
sweets flavored with matcha.
Matcha dorayaki which have sweet red bean
sandwiched between matcha flavored
pancakes are very Japanese.

街歩きの休憩タイムによく思うのは、みんな抹茶味が好きだなぁということ。抹茶ラテに抹茶アイス、顔が緑になるんじゃないかというほど一日中食べている人もいます。そんな大人気の抹茶味ですが、おみやげ用のおすすめ品といえば抹茶カステラ、抹茶バウムクーヘン、抹茶チョコレートなど。甘いあんこが含まれるお菓子でも、抹茶が加わると食べやすくなるようです。私は日本の洋菓子の歴史を説明できる抹茶カステラをよくおみやげに持って行って一緒に食べますが、「説明はいいから早く食べたい」と苦情をもらうことも。

NO.
# 035

日本酒

左1,410円
右1,500円

## Sake (Japanese rice wine)

Over 20,000 types of
sake are brewed in Japan.
Find one that suits your taste.

かつてはゲストと一緒に居酒屋に行って、「サケ、飲んでみる？」と聞いても「なにそれ？」という感じだったのが、近頃は日本酒自体がたくさん輸出されていたり、国際外交の舞台でおみやげに使われるなどもあって世界での知名度もかなり上がり、見た目もモダンなパッケージのものが多くなりました。食事の際、直々に「ヌルカン、プリーズ」なんてオーダーする人も。もしアルコール好きの方であれば、そういった予備知識があってもなくても、日本酒はおみやげ好適品。ちょっと重いので、持ち運びやすい720mlか360mlの瓶が良いと思います。相手に合わせて桐箱入りの豪華仕様の限定酒を贈るも良し、気軽なおみやげとしてワンカップをあげても良し。日本の発酵食品は産地の数だけ品種がありますが、日本酒もしかり。名酒の産地は水も米も美味しいと説明して、自分の出身地のお酒をあげると話もはずみますよ。そして多くの場合、次に日本に来たときは「Take me to this Sake brewery, please!（この酒蔵に連れていって！）」と言われるので心の準備をしておいて下さい。



NO.
# 036

## 柿の種わさび味

250円

### Wasabi-flavored Kaki-pea (rice crackers with peanuts)

Kaki-pea snacks combine small crescent rice crackers with the appearance of persimmon (kaki) seeds and roasted peanuts. Wasabi-flavored Kaki-pea goes great with beer.

ゲストと一緒にコンビニに寄ると、日本ってスナック菓子の種類が豊富だねと言われます。陳列棚で彼らがよく目を留めるのがおなじみのポテトチップスではなく、柿ピーナッツ。中でもわさび味はとても好評で、唐辛子とは違ったスパイシーさが新鮮で良いんだとか。

Episodes of

# OMIYAGE

For Your Best Choice

# 2章

## 変化球おみやげ

Great ideas for repeaters

NO. 037 — NO. 139

リピーター向け
“ちょっと意外な”おみやげをご紹介。
それ買うの!?な番外編の
“珍みやげ”も。

NO.
# 037

## 漆塗りのつづら・子箱

小物入れつづら7,000円(税込)
子箱小2,500円(税込)

### Lacquered wicker baskets and boxes

Originally, large baskets for storing wardrobe were lacquered for reinforcement. The technique has been applied to boxes and baskets of various sizes, shapes, and purposes.

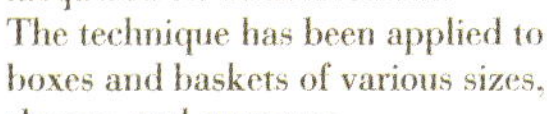

かつて呉服屋が並んでいた日本橋には、着物を収めるつづらを売るお店がたくさんあったそうです。つづらは17世紀の終わり頃、婚礼家具として江戸商人が売り出したのが始まりで、製作工程には編んだかごに柿渋を塗る、和紙を貼る、漆を塗るといったいろいろな日本の伝統技術が詰まった実用工芸品。今の時代は着物を保管するだけでなく、サイズに応じて手紙やアクセサリーなどを入れて、見せる小物収納として使われているそうです。また編んだかごの代わりに、木箱に漆を塗った小箱も素敵です。シックな黒と華やかな朱色、2択で迷いそう。おみやげとしてつづらを選ぶにしても、外国に持ち帰るとなったら、昔話のおばあさんのように背中に背負ってえんやこらというわけにはいかないので、文箱サイズまたはそれより小さいものが良いと思います。人形町の岩井つづら店では木の子箱は常に在庫を用意していますが、つづらは注文を受けてから購入まで数週間かかるようなので、プレゼントするなら早めのお願いがおすすめ。名前を入れることもできるので、特別なプレゼントとしても活躍しますよ。

NO. 038

## 木屋の爪切り・ミニスライドはさみ

ポケット爪切700円
ミニスライドはさみ550円

### Nail clippers and portable folding scissors by Kiya

Small but sharp clippers and scissors come in handy for travelers. Their simple design is a good reason for their popularity.

旅行も1週間を超えて長くなると、「あれも持ってくれば良かった」ということが出てきます。その代表格が爪切りとはさみ。出かける前にきちんとつめを切っても旅の後半に伸びてきて、なんとなく不愉快なことも出てきます。そこでパチパチと切れたらスッキリしますよね。また、洋服や食べ物などを買ったときに、プラスチックのタグを切ったり、開封したりと何かと切るものがあったらいいなと思う場面もあると思います。日本橋木屋の爪切りと携帯用スライドはさみは、ともにもらった人がすぐに「あって良かった！」と感じる旅のお助けグッズ。潔い黒一色のデザインの爪切りは大・小2種類あります。スライドはさみはあまりにもコンパクトなので、一瞬おもちゃと勘違いしそうですが機能は十二分。刃は使用時のみ外に出して、普段は本体に収まるのでとても安全。そして爪切りもはさみも、切れ味の鋭さが長持ちするという日本製ならではの特長をしっかり受け継いでいます。ただし、どちらも小さいからといって手荷物に入れていると例の「空港没収パターン」で泣きをみてしまうので、旅立つ方にはその点をしっかり伝えて下さい。

NO.
# 039

## 抹茶スターターセット

5,000円

I want to try it!

## Matcha starter kit

Tea set for serving a bowl of matcha at home less all the formalities. For matcha lovers who want to enjoy matcha in their daily life.

ガイドツアーでよく行く場所のひとつに、東京・浜離宮恩賜庭園があります。池に浮かぶ中島の茶屋で緋もうせんに座り、ゲストの皆さんは「お茶をいただく作法虎の巻」を熟読。抹茶がしずしずと運ばれてきて、先ほど予習をした通り、お茶碗を左手にのせて、右手でくるくるくる、そこで飲むはずが緊張して忘れてしまい、続けて反対側にくるくるくる……いや、飲んでから回し戻してねというツッコミも耳に入らず。珍事も経験のうちで楽しみつつ、一通り飲み終わると「帰ってから家でも自分で点ててみたいんだけど、一式買えないかな？」と聞かれるので、そんな時は一保堂のスターターセット「はじめの一保堂」をすすめています。もちろん、茶筌(ちゃせん)や茶杓などを別々に買っても良いのですが、これであれば一揃いがしっかりとした箱に収められていて、空路で持ち帰るのにも便利です。お道具に加えて抹茶とふきん、さらに英文で書かれた「お茶の点て方指南書」がついているので、点て方を忘れてしまっても大丈夫。いやはや、まったく至れり尽くせりです。日本滞在中は忙しくて茶道体験ができなかったという人にも、とても喜ばれる品だと思います。

NO.
# 040

## 南部鉄瓶

45,000円

### Nambu iron kettle

Nambu in Iwate prefecture is famous for the production of iron kettles. It is said that water boiled in iron kettles becomes mild.

口にこそ出しませんが「え～そんな重いもの、本当に持って帰るの？」と毎回聞きたくなる代表格が鉄瓶。デザインとしては伝統的なあられ模様や"とんがった"現代風のものなど様々あります。インテリアとして暖炉に置いてみたいと、直径30cmで重さも5キロくらいありそうなものを選んだ人もいました。その方、購入後にまだ10日以上も日本を周ると言っていたけど、ずっと持ち歩いたのでしょうか。もし、ご本人に内緒でおみやげに選ぶ場合は、必ず先に受け取る方の腕力を調べておきましょう。

NO.
# 041

## そばちょこ

各種1,800円

### Cups for soba soup (soba-choko)

Originally made as cups for soba soup, these containers can be used as you like. You can grow small plants in them or use them to hold pin cushions.

「ズルズル、ズルズル……」とお蕎麦屋さんにて初の"すすり"体験をした後で、ふと手元に視線を移し、あらこのカップ素敵よね、となるのがそばちょこです。確かに形はシンプルで用途もいろいろ考えられるほどよい大きさ。お茶やコーヒーを飲んでもいいし、小さな植物用の鉢植えにしても。手芸が好きなのでピンクッションのケースにするわ、という方もいました。新品は手頃な500円程度のものからありますが、味のある陶磁器が好きな方には骨董市などでアンティーク品を選んであげるのも良いと思います。

NO.
# 042

## 備前焼

18,000円
（参考価格）

### Bizen pottery

Traditional pottery produced in Bizen,
Okayama prefecture,
featuring a hard surface of
a reddish-brown color
due to high iron content.
An art of fire,
no two works have
the same pattern.

数ある日本の焼き物の中でもおみやげとして人気の高いものが岡山県が誇る備前焼。ザラッとした風合いとシックな色調は飾って良し、使って良しであるうえに、偶然に生み出される"景色"はふたつとないゆえ、焼き物好きのゲストは見れば見るほどいくつも欲しくなってしまうそうです。日本に来る前から備前焼の大ファンで、お店で買うだけでは飽き足らず、次は備前焼祭りに行って現地で作陶にトライしてみたい、という声も時々聞かれます。一方、「"ビゼン"って名前は知ってるけど、どんなものなの？」という方たちもいるので、そういう場合は御茶ノ水にあるレストラン、その名も「ビストロ備前」で実用体験してみるのもひとつのアイディア。このお店ではフレンチのお料理がほぼオール備前焼の器で供されるので、その良さを目と手で直接感じとることができます。カラフルなお料理を盛ってみると、備前焼の万能さが引き立ち、お料理を味わい尽くした頃には「割れるのが怖いけど、買って帰ることにする！」となることがよくあります。アイテムとしては、日本的なお猪口や、毎朝のコーヒー用にマグカップなどもおすすめ。

NO.
# 043

## とらや 豆皿

御菓子之畫圖写〈元禄〉

3,500円



### Small Japanese plates by Toraya

Set of five small plates in the shape of Japanese sweets. Serve sweets on them or just use them as a holder for accessories or whatever you like.

Cute!

和菓子をおみやげにするとなると、日持ちもしないしなかなか難しいのですが、とらやには和菓子の意匠をかたどった豆皿セットがあります。「御菓子之畫圖写〈元禄〉（おかしのえずうつし〈げんろく〉）」です。17世紀からとらやに伝わる見本帳から5つの意匠「あられ地」「名月」「しののめ」「玉の井」「花ぐるま」をもとにしたセット。もう1種類、大正時代の見本帳をもとにした「東京ミッドタウン店」限定のセットがあります。日本に来たら陶器をたくさん買って帰りたいけれど、重いしスーツケースに入らないしという悩みは良く耳にしますが、この豆皿セットならそれも問題解決。5枚が10cm角ほどの化粧箱に整然と入っているので、箱のまわりをしっかり梱包すればそのままスーツケースにポンと入れられます。私なら、毎日の食事で漬物用として使うところですが、おみやげにもらった海外の皆さんはインテリアとして飾ったり、ティータイムにチョコレートをのせたりしているようです。冬が長く寒い地域の人からは、お皿にキャンドルをのせて楽しんでいるという話も聞きました。なるほど、それもいいかも！

NO.
# 044

## 枡

2,200円

Nice!

### Square wooden containers (masu)

Made of cypress and other wood,
masu originated as a measure
for beans and rice,
but are often used to drink sake.

　もしゲストが「瓶入りの日本酒は重いから持って帰るのはまたの機会に」と言っていたら、代わりにとっくりと枡はどうですか？　とっくりは真っ白のシンプルなものから日本各地の名窯の焼き物まで相当な種類があるので、相手の雰囲気に合わせて選ぶといいと思います。一方、枡は大きく分けてヒノキなどの木地を生かした枡と、黒のボディに赤いアクセントをつけた塗り枡がありますが、今回はヒノキ枡推しで。それも1つではなく、3個が入れ子になっているその名も「枡リョーシカ」という品です。実際にこれでお酒を飲むのはもちろん、3段重ねで少し角をずらせば和風のオブジェにも。飲食店で日本酒を頼むと、枡の中にグラスをセットしグラスからお酒がこぼれて枡も満杯になるのを目にして、自分でもやってみたくなるそうで。「数があればシャンパンタワーの代わりに日本酒で枡タワーができますよ」と冗談で言ったら、後日、本当に枡を15個買ったという人がいて、驚きつつもちょっと反省した記憶があります。こんなこともあるので、おみやげには枡は3つくらいがちょうどいいと思います。

NO.
# 045

## 魚の漢字のどんぶり

480円

### Bowl with names of fish in Chinese characters

The names of numerous fish are printed inside this bowl.
You can study kanji as you eat.

鯛、鰹、鯵、鱚……魚へんの漢字がこれでもかと書かれた湯呑、お寿司屋さんなどでも見かけますよね。湯呑の外側に漢字が並んでいるので、それを目にすると「食べる前に漢字テストみたい」と若干テンションが下がってしまうのですが、こちらのどんぶりはそんな心配はご無用。漢字が内側全面に書いてあるので、食べ物が盛られている限り漢字は見えません。比較的目にすることが多い湯呑よりもちょっと目先の変わったどんぶりならば、スシ通なゲストの漢字学習意欲をそそることができるかも？

NO.
# 046

## 弁当箱

左2,200円（税込）
右1,800円（税込）

### Lunch box(bento box)

Perfect for taking your lunch to school or work.
The headgear serves as a soup bowl.

日本の日常に欠かせない"BENTO BOX"は、おみやげとしても立派に活躍します。まるで美術品のような塗りのものから、白飯と梅干しの日の丸デザインが映えるアルミのものまで、サイズも機能も値段も選ぶのが大変なほど多種多様です。中でも築地などで海外の方が良く買うのが、お椀までセットになっているサムライまたはお姫様弁当箱。サムライは兜、姫様は髪の部分がお椀になっていて、顔と体部分が2段のお弁当箱になっています。「首から上がとれるのはちょっとシュールだけど、かわいくて機能的！」と好評です。

NO.
# 047

## 名入り包丁

12,000円

### Knife with your own name

Japanese knives backed with the tradition of sword making are renowned for their sharpness. You can have your own name engraved on the blade.

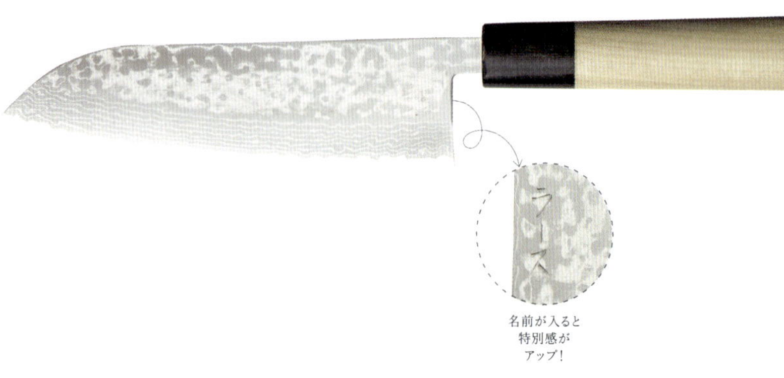


名前が入ると
特別感が
アップ！

私がこれまで代理で買いに行った回数の多いおみやげNo.1は、ダントツで包丁です。時間がないので自分の目で選べないとしても、なんとかして手に入れたい、それくらい日本の包丁は大人気。三条、堺、土佐山田、そして最大の生産量を誇る関と、古くから日本各地には刃物の生産地が点在しています。包丁の歴史は刀の歴史と密接にかかわっていますが、「刀を持っていたサムライの国の刃物だから、質もいいに違いない」というゲストの皆さんの推測もあながち間違いではありません。かっぱ橋道具街の「かまた刃研社」では、材質や用途に合わせて8,000円台から数万円まで揃っていて、料理男子が食い入るようにケースにズラッと並んだ包丁を品定めしている姿が目立ちます。刺身用の柳刃包丁や、手入れのしやすいステンレス製でグリップが白木製のものが日本的なビジュアルで良いと言っているのをよく耳にするので、そのあたりをおみやげにするのがいいと思います。また、「かまた刃研社」をはじめ、カタカナなどで刃にその場で名前を刻印してもらえるサービスを提供しているお店も多いので、内緒で用意しておくとサプライズプレゼントに！

# NO. 048

## 木製まな板

3,400円

### Wooden cutting boards

Many types of wood are used to make cutting boards in Japan. Gingko does not absorb water, cypress produces beautiful grains, and dolabrata (hiba) is highly resistant to bacteria.

日本の台所には必ずまな板がありますが、海外では料理する時に包丁だけで切ってしまう国も多いようです。そのせいか、包丁のお店に一緒に行くと、重厚なまな板が並んでいて、材質も種類豊富にあることに驚かれます。そこで、今回の日本旅行ではせっかく名前入りのマイ包丁も買ったし、ここはセットでまな板も買うか、と考える方も。お値段は張りますが、中には思い切って木目の美しいヒノキの一枚板を買う方も結構います。プレゼントするなら、テーブルにそのまま出すこともできてスーツケースにもしまいやすい、小さめのものがおすすめ。

# NO. 049

## 砥石

2,180円

### Grindstone

If you buy a Japanese knife, get a grindstone to retain its sharpness. Make sure you ask for advice on how to sharpen your knife at the shop.

日本で包丁をおみやげに買う際、あえて包丁を研ぐ楽しみも持ち帰りたいということで、併せて砥石を買っていく方もいます。はるか昔から良質の石を産出し、刃物を研ぐ文化の根付いている日本らしいおみやげです。そこそこ重いですけれど。

NO.
# 050

## 和菓子の木型

5,800円
（税込）

### Wooden molds for making Japanese confectionery

Some types of Japanese confectionery are made using wooden molds.
Motifs reflect seasonal flowers and plants, sea breams, and symbols of good fortune.
Can also be used as a wall decoration.

Beautiful!

　あるツアーでゲストと一緒に骨董市を訪ねる機会がありました。会場に着くなり、彼らが目の色を変えて探し始めたのが和菓子の木型。老舗の和菓子店に行くと飾られていたりする、あれです。おめでたい行事にはやっぱり鯛ということで、大小様々な鯛が木型の山のあちこちに踊っています。他には亀、松と松ぼっくりといった寿シリーズや、菊・梅・桜などの日本の花シリーズ、変わったところでは力士や翁の能面など。ゴールドラッシュのごとく一番熱心に探していた方は合計20個近く買っていたので、「そんなに買ってどうするんですか？」と尋ねたところ、「キッチンの壁に漆喰を塗ってこれを全部貼り付けるんだよ」とのお答え。へ～、タイルみたいに？「レイアウトを考えるのも今から楽しみだなぁ！」ととても満足気。なるほど、ひとつだけ飾ってもいいし、まとめて飾れば“大作”のインテリアにもなりそうです。ちなみに私が「これも縁起が良いのでどうですか？」と自信を持って伊勢海老を提案したら、「うーん……三葉虫みたいだからやめておくよ」と却下されてしまいました（アンティーク品が多いので、価格は様々です）。

NO.
# 051

## お寿司抜き型

1,200円

### Wooden mold for making sushi

You can easily make sushi by filling this mold with vinegared rice. Great for people who find it difficult to make hand-pressed sushi (nigiri-zushi).

自国で寿司パーティをよくやっているという人たちであっても、上方寿司の一種、押し寿司を知っている人はまだそんなに多くありません。「型から外すところさえ上手くいけば失敗しないよ」と話すと「おー、スシケーキならできそうだ」と抜き型をお買い上げ。握りや巻き寿司はかなり練習しないときれいに作れませんが、押し寿司なら大丈夫。ヒノキ製の型は日本でしか買えないちょっと自慢できるおみやげだと思います。ちなみに北欧の皆さんはサーモンで作ると言っていたので、笹を敷き詰めれば、富山名物鱒ずしに？

NO.
# 052

## 飯台

2,650円
(Φ24cm)

### Wooden bucket for vinegared rice

Make sushi rice by sprinkling vinegar onto cooked rice and mixing them together in this bucket. Mixed sushi (chirashi-zushi) can be served as is in this container.

熱烈な寿司ファンのゲストは、マイ巻きすだけでは飽き足らず、マイ飯台も欲しくなるようです。飯台は酢飯を冷ますためだけでなく、ちらし寿司なるものを作ってその器として食卓に出せますよ、と説明するとますます買いたくなるようです。スーツケースに丸くて大きいものがどーんと入っていたら、他の物をどう詰めるのか心配になるのですが、過去には直径50cmほどの飯台を買った人もいました。またある時、「温泉のお風呂にも似てるのが置いてあるよね！」と言われて「？？」。……もしやそれは風呂桶のこと？

NO.
# 053

## 五十音クッキーカッター

826円

**Cookie stamp set of the Japanese alphabet**
A set of stamps of Hiragana characters. Enjoy studying Japanese while you bake.

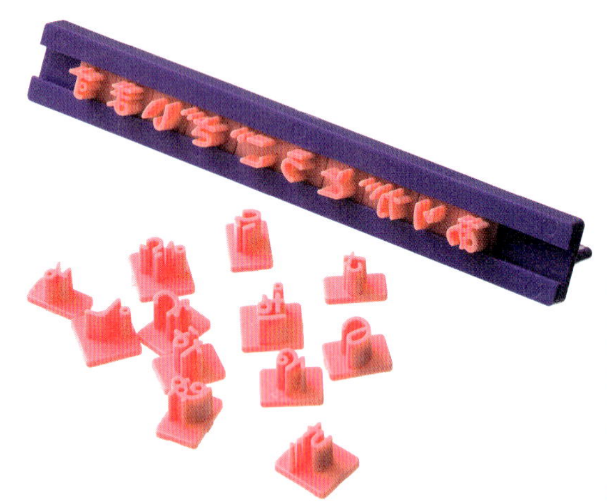

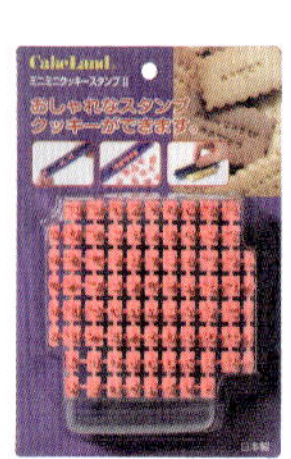

　ゲストの皆さんは日本語のシステムについてとても興味があるようで、ツアー中に「ヒラガナとカタカナとどう違うのか？」「ジャパニーズアルファベット(五十音のこと）はいくつあるのか？」などなどエンドレスに質問を受けます。そして一様に言われるのが、「そんなの、難しすぎて話せるようになる気がしない……」。そこである時「これを使ってまず五十音に慣れてみるのはどう？」と提案したら、それ以降、人気急上昇なのが五十音クッキーカッター。正確に言うと、クッキーの抜き型と、クッキーに刻む五十音の文字型がセットになっていて、クッキーを作りながら楽しんで日本語を学べるものです。もちろんアルファベットバージョンは海外にもあるはずですが、日本語版は日本にしかないと思います。「ありがとう」や「こんにちは」といった基本会話を刻印してもいいし、少し上達したら「らーめんはしょうゆがさいこう（実体験に基づく作文）」といったオリジナル文章を作ってみても。時にはこれを買った方から「じゃあ、次日本に来るまでにやってみるから例文を作ってよ」とリクエストされるので、宿題を出すこともたまにあります。

NO.
# 054

## 和ろうそく

1,200円

### Japanese candles

Japanese candles are made of wax derived from plants. They feature large flames and less soot and are covered with beautiful paintings.

　日本でろうそくというと、神社やお寺、家庭では仏壇に供えるものという感じですが、海外ではもう少し日常的に使われています。特に冬になると夜の長い国々では、家でのちょっと改まったディナーや友達とのホームパーティなどの際、照明のひとつとして使われています。そんな方たちには美しく絵付けされた和ろうそくが喜ばれています。和ろうそくは植物性のろうなので、すすが出にくい、芯は和紙製で大きな炎がつづく、など見た目だけでない和ろうそくならではの特徴があるので、その違いも楽しんでもらえると思います。

NO.
# 055

## 富士山おろし

1,200円

### Grater in the shape of Mt. Fuji

Enjoy grating ginger at the mountain top and let the grated ginger flow down the mountain like lava.

　富士山の頂上で生姜をすると、それが山肌を滑り降りてくるという画期的なおろし器です。来日した時の富士登山記念に購入した方もいました。白いものをすれば、雪で覆われた神々しい冬の霊峰富士のできあがり。全部で5色あります。

NO.
# 056

## 木刀

2,000円〜30,000円
（素材等により様々）

## Wooden sword

A real sword is just too dangerous.
Practice making an attack with
a wooden sword to your heart's content.
Wooden swords with various blade
curves and material are produced.

子どもの頃、観光地に行くとよく売っていた木刀。なぜそこにあるのかずっと疑問に思っていましたが、ある時、日本各地を回ってきたゲストからもその質問をされました。「あれってなんでどこにでもあるの？」。ちょうど良い機会なので調べてみると、今から60年ほど前、世の中がチャンバラブームだった頃、白虎隊のホームグラウンドである会津若松の人が白虎隊にちなんで木刀を「白虎刀」として売り出したら大ヒットし、あっという間に全国に広まったのだとか。いくらカッコいいからといって本物の刀を買うのは現実的ではないので、安全で値段も手ごろ、でもちょっと（？）カッコいい木刀がウケたのは当然かなという気がします。同じようにゲストの皆さんにも、プラスチックのおもちゃ的なものでは物足りない派から本格的に剣道やってます派まで、ファンは多数。実は観光地に買いにいかなくても、木刀が買えるお店はあります。水道橋近辺の武道具専門店では、材質によって2,000円くらいから30,000円程度まで各種揃っています。おみやげを買い過ぎないように素振りをして煩悩を振り払うのにも使えそうです。

NO.
# 057

## ガーデニング用花切り鋏

12,000円

### Gardening scissors

Gardening scissors made in Japan keep sharp over a long period of time and have beautiful designs.

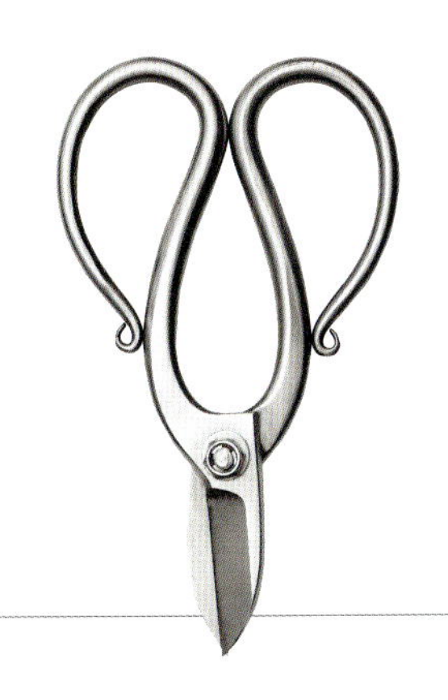

日本の文化体験をメインとする旅行者が増え、1日華道レッスンを受けてハマってしまったという話をよく聞きます。機能とパワー重視の海外のガーデニング鋏も切る分には良いのですが、お花を扱うにはもうちょっと道具にもしなやかな美しさが欲しい……、そんな方たちにはうぶけやのガーデニング鋏（花鋏）がおすすめ。花鋏は各社からいろいろ出ていますが、うぶけやのものはステンレス製の流麗かつ飽きのこないデザイン。少しお値段は張りますが、切れ味も長く続くので価値を考えると十二分にお釣りがきます。

NO.
# 058

## ござ

### Rush mats (goza)

Goza mats are made of rush, the same material used for tatami mats. They can be spread outdoors as picnic sheets as well as indoors.

床に直接座る習慣のない国でござをどう使うのかというと、その答えはピクニック。確かに私の主なお客様の国々ではとにかく日光浴が好まれるので、納得です。「肌触りも気持ち良く、ほのかな香りがあっていい」そうです（屋外での使用はあまりおすすめしませんが……）。またリビングでラグマットとして使う方も。青いい草の香りが気に入ったので畳をそのまま持ち帰りたいけれど大きすぎて諦めた〜という場合も、くるくるっと丸めて運べるござなら日本の思い出を生活に取り入れるのを可能にしてくれそうです。

NO.
# 059

## たたみサンダル

1,300円
（税込・参考価格）

### Tatami sandals

Sandals made with rush
keep your bare feet dry
and comfortable
even in the humid summer.

季節が夏に向かう頃、商店街の和装小物を売っているお店をのぞくと、たたみのサンダルがありました。一緒にいたゲストは「湿気が高い時も足の裏がベタベタしないで気持ちよさそうだ」とその場でお買い上げ。甲の部分の和柄が目を引いて、良いアクセントになっています。中には浴衣とセットでお買い上げの方もいました。めずらしい素材でできた、外国にはない履物ということで喜んでもらえると思います。サンダルとはいえ草履の類なので、かかとがちょっとはみ出るくらいのサイズを選ぶのが正解です。

NO.
# 060

## 雪駄

4,500円
（税込・参考価格）

### Leather soled sandals

Japanese sandals for men
with bamboo skin and leather sole
to prevent moisture from seeping through.
Many people wear them
with regular clothes these days
as well as with kimono.

寅さんやバカボンのパパが履いていた雪駄（せった）も、現在はパリコレに登場するなどいつのまにかおしゃれアイテムになったようで。デザインも伝統的なものから洋服に合わせて履ける洗練されたものまで、たくさん出ています。下駄よりも履きやすそうというご意見も。

NO. 061

## 折鶴アクセサリー

ピアスロング1,500円

## Origami crane earrings

Miniature cranes made by folding origami have been made into earrings and pierces.
Let the cute Japanese cranes swing from your ears.



女性向けのおみやげの中で重宝なのがアクセサリー類。小さくて持ち運びに便利で、その国らしいデザインのものもたくさんあるのが良いところ。一目で日本とわかるデザインのひとつとして、日本航空のマークでも有名な鶴があります。折鶴は最もポピュラーな折り紙のひとつですが、病気平癒や平和を願う心の象徴として世界でも知られています。その折鶴をモチーフにしたピアス（またはイヤリング）が特におすすめ。この頃は学校などで折り紙を習ったことがあるというゲストも時々いるのですが、さすがにわずか2cmの超ミニサイズのこの折鶴が手作業だと聞くと、「自分じゃ折れないわ〜」と苦笑しています。丁寧に折られた和紙製の鶴には耐水加工が施してあります。耳のすぐ下でゆらゆらと動くショートタイプと、よりスイング感を楽しめるロングタイプがあります。また色柄のバリエーションも豊富で、定番はイヤリング4種、ピアス5種、さらに東京タワーや富士山、京都など日本の名所をモチーフにしたピアスも。小さくて控えめだけど、和装だけでなく、洋装にも合う折鶴アクセサリー、愛用してもらえると思います。

NO. 062

## 和紙名刺入れ

1,800円

### Business card holders made of Japanese paper

These card holders are made of
Etchu Japanese paper
made in Toyama prefecture.
They are strong
but will soften to the hand with use.

ビジネスの場で使えて気軽にあげることができるおみやげとして、名刺入れがあります。日本らしいものといっても、革製、木製、布製、金属製と素材は様々ですが、私のおすすめは越中和紙のひとつ、八尾（やつお）和紙製のもの。ざっくりとした厚手で丈夫な和紙にカラーバリエーションも豊かに幾何学模様が刷られているのですが、少しくすんだ色味とシワの入った紙の手触りが相まって民芸品的な印象を醸し出しています。その独特な持ち味はビジネスシーンでも良いアクセントになると思います。使うほどに柔らかくなっていき、手触りもよりなじみやすく変化していきます。これら紙製品を作っている越中八尾は合掌造で有名な五箇山が近く、この地域の伝統産業である養蚕をデザインモチーフとしたかわいらしい繭模様のものもあります。八尾和紙のルーツが「富山の薬売り」の薬包紙であることと併せて、日本の文化について語るのに一役買ってくれるアイテムです。私は初めて会うゲストとの雑談時にこの名刺入れから1枚取り出して、「実はこれはですね……（云々）」と話を切り出すのが常套トークです。

NO.
# 063

## 和綴じノート

大1,500円
小600円

Oh!



### Notebooks in Japanese style binding

Handmade notebooks by craftsmen in Japanese style binding with beautiful Japanese paper covers.

こちらの品、ただの帳面と侮るなかれ、なんと1000年の歴史を誇る和綴じ製本で今も職人さんがひとつひとつ手作りしているものです。平安時代に生まれた和綴じは、それまでは書物といえば巻物や屏風状で何かと不便だったものを、ひもで綴じてばらけないようにした大発明でした。今なお伝統を受け継いでいる見目麗しい表紙とひも綴じ、そして中の和紙の手ざわりなどを確かめたゲストは、手作りの温かみにより日本を感じるそうです。特にハンドメイドが大好きで、和綴じをあまり見慣れていない国の方たちには大好評。ただ、あまりにもったいないので、「何を書いたらいいか迷うわ〜。決まるまで時間がかかりそう！」という声も。そうですね、日本人の私にもその気持ちはわかります。職人さんの手によって生み出される有便堂（ゆうべんどう）の和綴じノートは大小2種類のサイズ。柄も暖色系のかわいいものから、緑や青系のシブいものまで数種類あります。帰国した後で日本の思い出をこのノートに綴ってもらえるといいなぁと思いながら、プレゼントすることも。写真を貼ってアルバムにするのも素敵です。

NO. 064

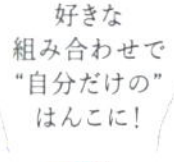

# はんこ

2,600円
（税込）

## Personal seals and stamps

Personal seals play an important role
in the signing of contracts in Japan.
Have a stamp of your own name made,
and it will become
a special personal gift.

好きな
組み合わせで
"自分だけの"
はんこに！

自分の確固たる意志を示すものとして、サインの代わりにはんこが活躍する日本。住んだ経験のある人はその重要性を理解しているけれど、少し大げさに「家や車を買う時とか婚姻届に一度押したら取り返せないんだから！」とでも言っておかないと、手軽にポンポン押せる面白スタンプ、くらいに思われてしまいそう。でも、"自分だけ"のおみやげ（これはおみやげにとってかなり大切な要素！）としてはうってつけです。書体・材質・大きさをいろいろ選べて、オーダーメイド感も十分。お店によってはその日のうちに作ってくれます。もちろんビジネス用のかっちりしたものもいいですが、イラスト入りのかわいいデザインもおすすめ。ところで以前、海外の友人に付き添って買いに行った時、「好きな柄を選んだらいいよ」と言ってその場を離れました。30分後その完成品を見てみると、「ニール」という名前と、その下にはグダ〜ッと横たわる黒猫と「拒否！」の文字。「なぜにそれを選んだの？」と脱力したことがありました。一緒に買いに行く時は、念のためちらりと横目でチェックしてあげましょう。

NO.
# 065

## 日本画の顔料

2,600円

### Pigments for Japanese paintings

Pigments for Japanese paintings are
produced from natural minerals.
Japanese colors get their names
and shades from nature.
For example, Uguisu-iro is a shade of
olive-like green of a wood warbler.

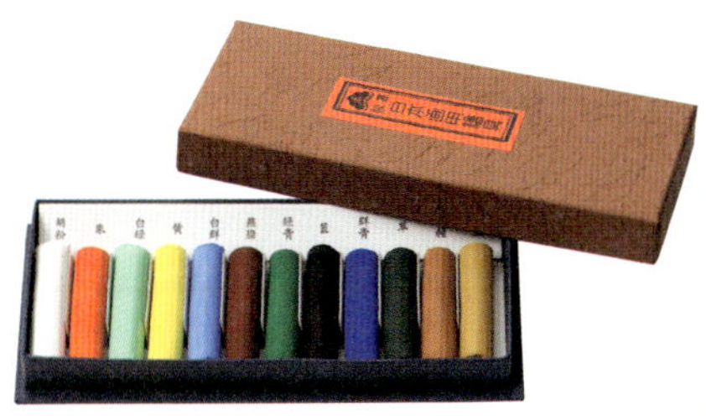

日本人は意外と日本画よりも西洋画の方に馴染みがあり、日本画に使われる“岩絵具”となると知らない人も多いと思います。鉱物を原料に、とても長い工程を経て作られている日本独特の岩絵具、ゲストの方も興味津々です。量り売りのプロ用のものはちょっとおみやげには難しいかもしれませんが、伝統的な手法で作った12色セットなら絵を描くのが好きな方に喜ばれそうです。胡粉(ごふん)色に緑青(ろくしょう)色など、その名前の由来について話せば、日本文化についてさらに興味をもってもらえると思います。

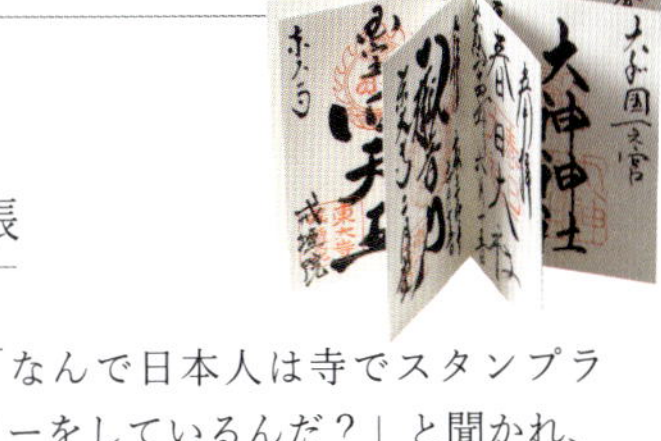

NO.
# 066

## ご朱印帳

850円

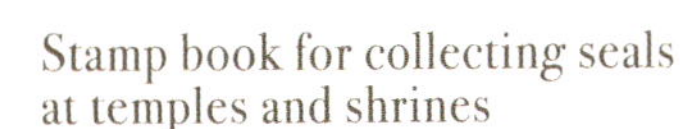

### Stamp book for collecting seals at temples and shrines

Many people have these notebooks
called goshuin-cho stamped and signed
at temples and shrines
as a record of their visit.
They come in a variety of designs.

「なんで日本人は寺でスタンプラリーをしているんだ？」と聞かれ、それはご朱印といって……と説明するやいなや、その場で一冊買って訪れた先々でご朱印をもらっていた方がいました。本来、ご朱印帳はお経を納めた証にもらうご朱印を集めるための帳面ですが、これを携えてお寺を巡れば、後で旅全体を思い出せる素敵な一冊となる可能性大。前述の方いわく、「東京の駅でもスタンプ集めてる子供を見たことあるけど、日本人って集めるの好きなの？」。……う──ん、それとはちょっと違うんですけど。

NO. 067

# 筆ペン

500円

## Calligraphy pens (fude pens)

These pens allow you to enjoy calligraphy without a brush or ink. They give you the feeling and result of writing with a brush.

昔はもちろん、現代でも書道が日常生活にいかに浸透しているかを説明することができるアイテム、そんなおみやげ界のスーパーサブ的存在の筆ペン。日本に来たら書道をやってみたいという人も増えてきたのですが、誰もがゆっくり時間を取れて、墨をすって筆を握れるというわけではありません。そこで、どこでも即席疑似書道体験を可能にしてくれる筆ペンの出番。一番多いのが「自分の名前を漢字にしてこれで書いてほしい」、その次が「好きな言葉を日本語で書いてほしい」、はいはい何でも書きますよ（上手くないですけど）。ゲストの皆さんに使ってみた感想を聞くと、ハネやはらいを書くストローク＝筆の動きが気持ち良いんだそうです。日本では筆ペンを使ってパーティーで記名、ご祝儀の袋に記名、など日常で登場する場面も多いことなども説明できますね。ある鋭い人は薄墨つきの筆ペンを見て、反対側がどうして薄いグレーなのかも聞いてきました。日本ではなぜこういうものが普及しているかを一緒に話すと、日本の習慣などについても理解してもらえます。かさばらないうえ、コンビニなどにも置いてあるので手に入りやすいことも高ポイント。

# NO. 068

## フリクションボール

600円

### Frixion Balls (erasable ball-point pens)

The invention of inks
that can be erased by heat caused
by friction led to the birth of these pens.
Offered in a wide variety of colors.

見ているだけでも楽しい大型文具店はいつも人があふれていますが、時々来日中の旅行者とおぼしき人たちが買い物カゴを手に買いまくっている姿を見かけます。カゴの中をチラ見すると、2ダースはあろうかと思われるフリクションボールが！一部の国のゲストにはすでにおみやげとして定着した感もあるけれど、そんなに詳しく知られていない国々ではまだまだ人気上昇の気配。付属のラバーで消せる利点は万国共通でウケるようで、今や世界のあちこちのオフィスや学校などで、ちょっとそそっかしい人たちを救っている模様。発売当初は黒ボールペンをはじめ、単色のみでしたが、今ではカラーバリエーションも増え、1本で3色使えるタイプや蛍光ペンも登場し、“消せるので安心”なシリーズには幅広い選択肢ができました。フリクションシリーズには発売元のPILOTのホームページに英語のトリセツもあるので、プレゼントするならそれを印刷してつけてあげるとより親切だと思います。ちなみに、伊勢志摩サミットで各国の報道陣に配られたプレスキットにも使われたそうなので、政府お墨付きのまさに国を代表するおみやげともいえますね。

NO.
# 069

## 干支の小物

1,800円

### Ornament of zodiac animals

The Chinese zodiac is a repeating cycle of twelve years with each year in the cycle represented by an animal.
The Japanese have a custom of displaying an ornament of the animal of the year.
Why not get a set of these animals as a memento?

神社に行くと「私のシンボルアニマルってどれ？」とよく聞かれます。日本をはじめ、アジアの一部の国では12年で一周する十二支というものがあることを知っている人も多く、おみやげとして自分の干支（えと）の小物を買いたいと言われます。紙でできたとても軽い物や、お正月に出回る小ぶりな陶器製のものなどがあります。ところで、カンの良い人が言いました。「もしかして『あなたのアニマルイヤーって何？』って聞かれたら年齢チェックされてる？」。そうです、日本では干支と年齢の両方ごまかさないとバレちゃうのです。

---

NO.
# 070

## こけし

左2,500円
右3,200円

### Wooden Kokeshi dolls

These simple wooden dolls started out as souvenirs from hot springs in Tohoku.
Today many regions offer their own style of kokeshi dolls with varied expressions and forms.

日本らしい人形を買いたいという要望が時々ありますが、陶製の博多人形などは繊細すぎて持ち帰るのを躊躇します。そういう時におすすめしたいのがこけし。江戸末期、東北地方で温泉みやげとして生まれたこけしは、「鳴子」「土湯」「遠刈田（とおがった）」の3大発祥地を含む計10系統あり、顔やヘアスタイル、ボディの模様に特徴があります。大きさも様々。海外のこけしコレクターにも時々出会うのですが、そういう人は50cm大のものを買っていたりして、結局博多人形を持ち帰るより大変なのでは？と心配になります。

NO.
# 071 龍村美術織物のバッグハンガー

1,500円

## Bag hanger with brocade by Tatsumura

Gorgeous brocades woven over 1,000 years ago have been restored by Tatsumura.
A small piece of this beautiful brocade adorns a handbag hanger.

日本の生地というと着物地がありますが、美術品としての性質を前面に出したのが龍村美術織物の生地。単なる織物ではなく、葡萄唐草文錦、花鳥梅花文錦、天平段文など漢字の並ぶ名前を見ただけでも華麗さが伝わってくる錦。そのルーツは正倉院の時代まで遡ります。錦といえば「錦を飾る」「錦鯉」と言われるようにザ・豪華の象徴で、小さい面積でも十分な存在感です。おみやげにはその生地を使ったバッグハンガーがおすすめ。使用する部分によってひとつひとつ柄が違い、使う人をイメージして選ぶ楽しみもあります。



NO.
# 072 豪華な水引の祝儀袋

2,700円

## Decorative envelopes for gift money

These envelopes are used to wrap gift money for weddings and other celebrations.
The ceremonial cords have many variations from simple to gorgeous.

お金をプレゼントするためのご祝儀袋には、それ自体がアートといえるようなものもたくさんあります。立体的に編まれた豪華絢爛な水引を見て、「これで中味が少ないとがっかりされそうだから、封筒にするよ」という至極まっとうなご意見のゲストもいました。

NO.
# 073

## ジーンズ

バッグ3,200円
ジーンズ28,000円

### Jeans made in Okayama

Jeans made with traditional indigo dyeing techniques are highly recommended as gifts from Okayama prefecture. You can enjoy various shades as they fade with use.

1960年代から岡山で盛んになった加工技術がベースとなって日本製ジーンズも人気が高まってきました。奈良時代から日本にある染料・藍（indigo）は、ジーンズに使われているものと同じです。長い歴史に培われた染めの感性が日本独特の青を生みだし、世界でも注目を集めるようになりました。ジーンズの本場・アメリカ製とはまた一味違った穿き心地を試してみたいという方には日本製ジーンズをおみやげに。もちろん穿くだけでなく、ジャケットやトートバッグなどデニム生地を使った他のアイテムもあります。

NO.
# 074

## 今治タオル・歌舞伎柄フェイスマスク

フェイスタオル各色2,000円
フェイスマスク1,500円

### Towels made in Imabari and towel masks designed with Kabuki face paint

Towels made in Imabari, Ehime prefecture are known for their excellent dyeing and weaving techniques. We recommend unique face masks warmed in the microwave and used for relaxation.

豊かな自然の中で培われた染織技術が生みだす、今治タオル。タオルは世界中で手に入りますが、肌触りや吸水性に特に優れた逸品として、ぜひ日本のおみやげとして持ち帰ってほしい品です。バスタオルやハンドタオルなどの一般的なタオル製品はもちろんのこと、赤ちゃん用品やひねりの効いたフェイスマスクなどもあります。このタオル地のフェイスマスク、冬はレンジで温めて、夏は冷やして顔にのせれば、通年トリートメントができる優れものです。おみやげにはここはひとつ、各種役柄の揃った歌舞伎の隈取模様で。

NO.
# 075

## 足袋ソックス

各種500円

### Tabi socks

These socks are shaped like tabi, the traditional Japanese socks worn with sandals, with a split between the big toe and other toes. Gives you stability as you can naturally put your weight on your toes.

5本の指が全部分かれたソックスも人気ですが、この頃ファンが増えているのが足袋ソックス。指先が親指とその他の指で、2つに分かれているタイプです。その名の通り、和装の時に着用する足袋が原型ですが、足袋を履いた経験のない方にも人気が出てきました。その理由を聞くと、歩く時に足の指に力が入る、また足の指の付け根が刺激されて気持ちいいといった声があがりました。この感想は科学的にも正しく、加えて外反母趾を防ぐ効果もあるそうです。足袋にルーツを持つ健康&おしゃれグッズも日本ならではのおみやげ。



NO.
# 076

## 和風コスメ

まゆの玉／こんにゃくスポンジ各700円
胡粉ネイル1,204円～

### Cosmetics made from Japanese materials

Cocoons, konnyaku starch, powdered seashells, and other natural materials from Japan are used to produce cosmetics that are gentle to your body.

日本の天然素材を使った化粧品も良いおみやげです。例えばまかないこすめのまゆの玉やこんにゃくスポンジ。どちらも肌の角質を落とすためのアイテムです。他にも上羽絵惣の「鶯緑」「桃花色」など日本的な発色が美しい胡粉ネイルもおすすめ。

NO.
# 077

## 根付

500円

### Netsuke charms

Netsuke charms are miniature carvings originally used as attachments to the cord of wallets and pouches and secured onto the obi sash. They are very popular for their intricate artwork.

国際的にもコレクターが多く、上野の国立博物館に貴重な作品が収蔵されている根付。単なる留め具と思って値段を見てみると、象牙でできた品などは腰を抜かすような値がついています。おみやげにそのクラスのものは選べませんが、つげなどもっと手に入りやすい材質でできた現代根付ならば、携帯電話ストラップなどにもつけられるおみやげ好適品。細かいものはより細かく、かつ精巧に作ろうとする日本人らしい気概が感じられる芸術性の高い品だと思います。モチーフもかわいい動物から、ちょっと怖い能面まで様々。

NO.
# 078

## ハローキティグッズ

ハンドタオル600円
くつした（3足）1,000円
ストラップ500円

### Hello Kitty products

Local Kitty products will tell you the famous sites and products of the area wherever you travel in Japan.

いまや世界各国のテレビで現地語を話しているハローキティ。日本ではキティを見ればその土地の名物がわかるほど、どこに行ってもグッズが充実しています。ねぶたキティに信州りんごキティ、東京ならば羽田空港やスカイツリーに寅さんキティ。多くはストラップやシール、靴下などの小物ですが、名刺代わりに自分の土地にしかないものをあげるのも良いですよ。サンリオのショップは商品を入れてくれる袋もとてもかわいいので、人へのおみやげとして買ったのにあげるのが惜しくなってしまう人もいるようです。

NO.
# 079

あんぱんストラップ

500円

## Phone strap with miniature an-pan

An-pan was born by filling western buns with sweet Japanese bean paste. It now adorns a strap, and you can take a peek at the bean paste too.

織田信長が初めてパンの一種を口にしたと言われてから約300年、現存する日本最古のベーカリー「木村家総本店」が明治2年に開業し、あんぱんがこの世に登場しました。日本の歴史についてゲストと話していると、多くの人が日本の開国・西洋化、そして江戸から東京へ変わっていった時代にとても興味があるようで熱心に聞かれます。その中で「文明開化の7つ道具というのがあってですね、ガス灯・新聞社・郵便……そしてあんぱんです」と説明すると、「それってどんなもの？」と返ってきます。もちろんパンそのものは輸入された文化ですが、そこに甘いあんこを入れたというのが当時としては画期的なアイディア。今でも初めて見た人にとっては斬新なものに映るようです。小豆あん自体は好みが分かれるところですが、酒種を使って作るしっとりとしてほんのり甘いパン生地は一様に大好評。でも、せっかく知ったこのあんぱん、生ものなので母国へ持ち出しはできません。ならばその代わりということで、あんぱんストラップをお持ち帰りの人がいます。パカッと割ると中は本物以上に（？）小豆あんがぎっしり入っていて美味しそう。

## NO. 080

## のれん

7,200円

### Noren (shop curtains)

Noren hung outside the doorway of a shop shows that it is open. In homes they are used as partitions or just as a decoration.

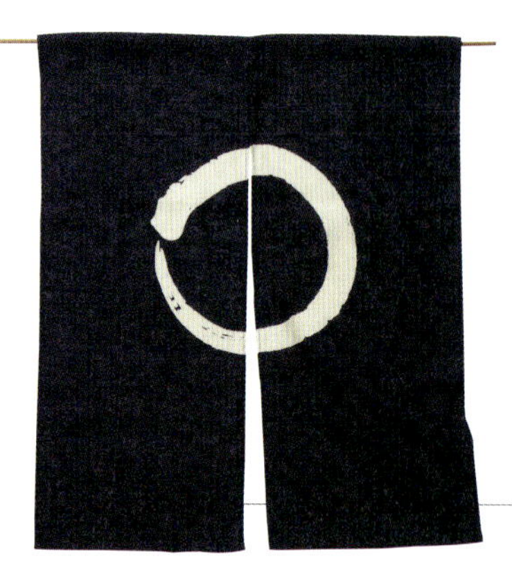

とんかつ屋でごはんを食べた後、ひょいとくぐってお客さまが一言。「このカーテン、外にある時と中にある時があるけど、何か意味があるの？」。外にあれば営業中、中に入れてあれば準備中っていうサインですよと答えると、なるほど実用的だと感心していました。そののれん、最近では空間を仕切る日本的なインテリアとして買って行く方が増えました。藍染など自然の風合いを生かしたものや、時間があれば、歌舞伎役者の楽屋風に「マーティンさん江」と名前を入れた特注の1枚などを作ってあげるのもいいかもしれません。

## NO. 081

## 酒屋の前掛け

1,200円

### Traditional aprons of liquor shops

Traditional indigo aprons bear the names of sake brands and shops. Share the cool frankness of those shop men.

歴史ある酒屋に行くとオヤジさんが紺色の前掛けをしていますが、それを見て自分も使いたいという人がいました。基本的には店名や酒蔵名が入ってるはずですが、時々「勉強第一」とか謎のメッセージが書かれたものもあり、それはそれで面白いと思います。

NO. 082

# 柚子皮の砂糖漬け

900円

## Candied Yuzu (Japanese citrus) peels

Yuzu is a popular Japanese citrus used in winter dishes.
Candied yuzu peels can be enjoyed by themselves as a snack or added to black tea.

宗家 源 吉兆庵の「とこよ」は柚子皮を使用した果実菓子。日本神話などに出てくる「とこよ(=常世)」とは“海の向こうにある理想郷”を表し、そこでは柑橘類である橘の実がとれるそうです。柚子も柑橘類なので、外国からみれば、極東の海の向こうにある日本に行くと橘に似た柚子がなっている、というわけですね。果物の砂糖漬けは特にヨーロッパでは一般的で各種果物で作られていますが、柚子で作られているものは日本にしかありません。一度買って帰った海外の方は「そのまま食べても美味しいし、紅茶との相性も良かったけれど、やっぱり緑茶が一番合うわね」とのことでした。美しい日本画の描かれた箱に入って1,000円弱とリーズナブル。日持ちも良く、長く日本の味として楽しんでもらえます。日本人にとって柚子は冬の到来を告げる特別な果物。食べる以外にも、お風呂に入れて香りを楽しんだりと寒い時期の生活の一部になっていますが、これをおみやげにあげる際、「ゆずをお風呂に入れる」という話をするならば、これは間違ってもお風呂にザーッと入れたりしないようにと念押ししましょう。見た目がちょっとバスソルトっぽいですから。

NO. 083

# 日本のウィスキー

左から320円　840円　730円
（すべて希望小売価格）

## Japanese whisky

Fine whisky produced from
Japan's excellent water
in many locations is very popular
around the world.
Whiskys made by Nikka
and Suntory are especially famous.

これまで日本のアルコールといえばとにかくサケ（日本酒）でしたが、このところ急に（しかも熱烈に）絶対買って帰りたい！との要望があるのがウィスキー。ニッカ（北海道）、白州（山梨県）、山崎（大阪府）と名だたる蒸留所にも行ってみたいなあと遠い目をしてつぶやく人多し。「余市がテレビでドラマになったんだって？」（朝の連ドラのこと）と言われることもあり、こっちがびっくりです。良く知ってるなあ。何としても25年物を買いたい！というふうに切望するのは圧倒的に男性なのですが、重いから1本にした方がいいよと言ってもあっさり、「いやいや旅行に備えて身体鍛えて来たから大丈夫」とか、「スーツケースに数本ぎっちり詰めないと危ないからね」（完全にこじつけ……）などというよくわからない理由で、奥様やパートナーの女性陣を呆れさせながら何本も買う人が続出中。重い！高い！割れやすい！のトリプルマイナス要素が揃っているので、これらのリスク回避のためにもおみやげとしてあげるなら50mlミニボトルが良いのでは？　サントリー「響」はボトルデザインが素敵ゆえ、小さくても本格的で◎。

NO. 084

梅酒

1,200円

## Plum wine (ume-shu)

Sweet plum wine is excellent as an apéritif. Its smoothness is favored by women.

ゲストには不人気な梅干し。しかし梅は梅でも、お酒になると大人気。日本酒はあまり口に合わなかったという方も、甘い梅酒ならイケる！と好評です。ワンカップサイズのものから洋酒のような立派な瓶入りまで様々ありますが、プレゼントするなら箔座の箔梅酒はどうでしょう。200ml瓶の梅酒の海を金箔がキラキラ光りながら浮かんでは沈み……。「スノーグローブ（ドーム）みたいで、ずーっと見てても飽きなくてさ～」と言われたこともありますが、いやいや早く飲んでください。梅酒自体もとても美味しいので！

NO. 085

日本のワイン

左2,160円
右2,484円
（税込・参考価格）

## Japanese wine

Wine made from ancient Japanese Koshu grapes from Yamanashi is very famous. Wine is now being produced in many regions including Yamanashi, Nagano, and Yamagata.

これまでゲストとの食事時に「日本のワインなどどう？」と勧めても、とても薄ーい反応でした。が！　数年前に歴史のある葡萄「甲州」を使ったワインが国際コンクールで受賞して以来、一躍注目の的に。サケ、ウィスキーよりもちょっとレアなおみやげです。

Foods

NO. 086

# えいひれ

## Dried ray fin

Dried ray fins are seasoned
and produced as chips.
Pass them lightly over a flame,
and they become a perfect
accompaniment for sake.

海外で乾いたおつまみというと、チップスにナッツ、サラミくらいしか思いつかないのですが、日本だとさらにこれに海モノが加わります。さきいか、チーズ鱈、そしてえいひれ。えいひれとはまた地味なおみやげと思われるかもしれませんが、これがなかなか大好評。外国の友人から、日本での一番の思い出は、居酒屋の七輪で炙りながらたわいのない話をしつつ、えいひれを少し焦がして食べたことだったと言われたことがあります。少し甘くて少ししょっぱい、それに添えられたマヨネーズの味が加わるとゲストの味覚にも合うようです。日本食エキスパートだとさらに七味をかけることも。特にビールを好む国の人ならウケるおみやげだと思います。そして興味深い指摘がひとつ。ある時、お店でえいひれを炙っていた際にゲストから言われた一言。「えいひれって気まずい関係の人と食べるのに最適だよね」。え!?そうかも？　無言の時間もパチパチとはじけるえいひれの音が埋めてくれるし、手持ち無沙汰なときは黙ってえいひれをゆっくり割けばいいし……。難交渉を控えている時は、私がえいひれと七輪をお送りしますと申し出ました。

NO. 087

# 海苔

1,000円

## Nori (dried laver)

You can make rolled sushi with nori, or just munch on them as a snack. Seasoned types are ready to eat.

海外で巻き寿司がRollやMakiという名で広まった今でこそ、ゲストの皆さんも抵抗なく口にしている海苔ですが、その昔は「何？　このブラックシートを食べるのか？」といぶかしげに言われたこともありました。最近は日本に来る前に著名なお寿司屋さんを描いた映画「Jiro Dreams of Sushi」を見てくる人も多く、寿司の本場で海苔もぜひ買って帰りたいという話もよく出ます。でも、海苔と聞くとまだまだイコール寿司用という認識のようなので、日本のファストフードであるおにぎりや味噌汁の具などにも使われているということを伝えると、彼らが自国に帰ってからスシパーティだけでなく、もっといろいろと海苔を使ってもらえる機会も増えると思います。また料理に使うだけでなく、ビールやお酒の良いお供になる「おつまみ海苔」というものもこの頃はたくさん出ています。うめ、わさび、うにといった海苔と相性の良い組み合わせで味も様々あるので、日本酒をあげる時などに併せてプレゼントするのも気が利いていると思います。どれも持ち運びやすい小さい缶入り。食通の方への気の張らないおみやげとして重宝しています。

## NO. 088

# フリーズドライ味噌汁

各種100円

### Freeze-dried miso soup

Just put the contents into a cup
and pour hot water over it,
and your miso soup will be ready.
Lineups range from those with
vegetables to those with seafood.

かつて初めて口にしたゲストから「うーん、見た感じ泥水のようだ。……美味しいけどね」と酷評された可哀想なお味噌汁ですが、だんだんMiso soupとして世界でも市民権を得てきました。見た目はさておき、ウマミの詰まった出汁と発酵食界のスターである味噌との強力タッグですから。ただ、出汁をとって、具を煮て、最後にお味噌を溶かして、というふうに一から作るとなると、日本人でもちょっと面倒だなあと感じてしまいますが、フリーズドライ味噌汁ならば一発解決です。インスタントとはいえ、味は手作り味噌汁にかなり近いうえ、何しろとても軽いのがおみやげとして大きな魅力。アマノフーズの「いつものおみそ汁」シリーズならば、定番だけでも10種類以上あるので、相手の好きそうな具材を選んで帰国後にまた日本の味を思い出してもらうのにうってつけです。ただ、差し上げる相手に「毎日あんなに手をかけて家族のために味噌汁を作ってるなんて尊敬するよ！」と先手を打たれてしまうと、「ああ、まぁね……」と妙に歯切れが悪くなり、こちらを紹介しにくくなるので、早めにフリーズドライの良さも教えてあげましょう。

NO.
# 089

## 出汁パック

500円

### Packs of dashi broth

Basic ingredients for making
Japanese dashi broth in sachets.
Just add miso to the dashi.
and your miso soup will be ready.

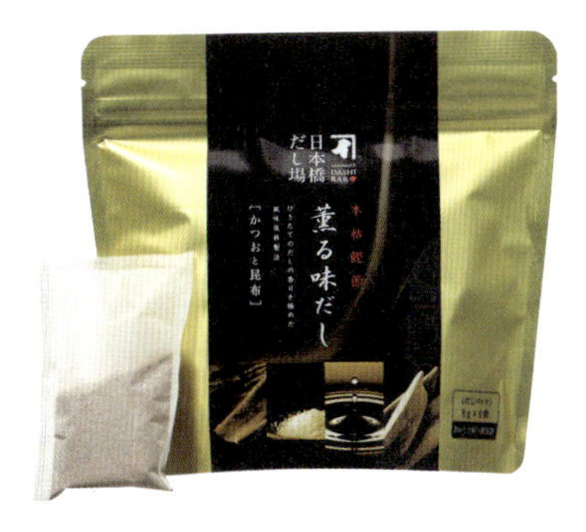


キッチンスタジオを借りてゲストと日本の家庭料理を作ることがあるのですが、その時必ず見てもらうのが基本的な出汁の取り方。できたての出汁の香りを嗅ぐと「うわ〜家でもこれ作ってみたい！」となるのですが、終わった後、ぼそっとささやく人がいます。「でもちょっと……面倒くさい」。確かにね。日本人でさえ、朝から晩まで働いて毎日出汁を取るところから始めるとなったら、3日で挫折しそうです。そんな"面倒"な悩みを解決してくれる出汁パックは、日本で味わった出汁を忠実に再現してくれる優秀なおみやげ。



NO.
# 090

## 干ししいたけ

1,300円

### Dried shiitake (black mushroom)

Soak the dried shiitake
in water before use.
The remaining water is also
used for cooking
as good dashi broth.

ある料理好きのゲストは、これまで見たことのないほど大きくて立派な干ししいたけに、目を見張っていました。水で戻して使うと出汁も使えて良いことずくめだと知るなり、購入決定。おみやげにはスライスしたものが使いやすいと思います。

NO.
# 091

## 生わさびチューブ

220円

### Wasabi paste tubes

Made from real wasabi,
the paste offers the tanginess
almost like fresh wasabi.

わさびの味自体は世界中に普及していますが、わさびそのものを初めて見たら、無理とはわかっていても「どうにか生わさびを持ち帰れないものか」と真剣に悩み始める人があまりにも多くて驚きます。みんなそんなにあの刺激が好きなのね……。でもやっぱり生はNGなので、どうせなら日本に来ないと買えない、できるだけ本物を使ったチューブ入りのものを選んで、持って帰ってもらいます。メーカーにもよりますが、1本数百円で賞味期限も長いし、かさばらないものなので、相手がわさびファンなら数本まとめてあげるといいですよ。

NO.
# 092

## 柚子こしょう

700円

### Yuzukosho (yuzu citrus and chili paste)

Spicy paste made from yuzu peel,
hot pepper, and salt.
Features a fresh spiciness,
and goes well with chicken dishes.

寒い季節、日本に来て初めて出会う香りのひとつが柚子。焼きもの、和えもの、澄まし汁にと、日本的な香りの代表格としてゲストの皆さんをも魅了しています。その柚子を使った調味料が九州名産の柚子こしょう。こしょうという名がついていても実際には柚子皮と塩と唐辛子でできています。色が似ているのでまずは「これ、わさび？」と聞かれるのですが、ちょっとなめてもらうと違いを感じてこの味もいいね！という反応多数。グリルしたチキンや魚と一緒に味わってもらえば、日本の冬を思い出してもらえそうです。

NO.
# 093

## 七味唐辛子

ひょうたん容器1,400円
七味唐辛子のみ500円

### Shichimi (spice mix with red chili pepper)

Spice mix of seven ingredients including red chili pepper, sesame seeds, and Japanese pepper. Adds a distinctive flavor to any dish including meat, fish, and noodles.

本当に辛い物が好きなゲストの方が多いなぁと感じています。一緒にごはんを食べる際、テーブルの隅に七味を発見するやいなや、パラパラじゃなくて、ドサドサとかけるのを見てこちらが驚愕。七味は単に辛いだけじゃなく、陳皮(ちんぴ)(みかんの皮)・ごま・山椒・けしの実など複雑な風味が混ざり合って、とても美味しいとのこと。調合済のものも良いのですが、浅草のやげん堀に行けば、その場で希望に合わせて調合してくれるので、マイ・スパイスとして特別なおみやげに。木製のひょうたん型容器に入れるとさらに日本らしさがUP。

NO.
# 094

## さしみ醤油

237円

### Soy sauce for sashimi

Soy sauce for sashimi is a bit stronger and has a deeper flavor than regular soy sauce which makes the taste of sashimi stand out.

“ソイソース”といえば何のことかすぐわかってもらえるほど有名になった醤油も、たまりや刺身用など種類がたくさんあることは、海外ではまだあまり知られていません。お寿司にも使えるさしみ醤油の小瓶は和食ファンのおみやげに。

Foods

NO.
# 095

ブランド米

350円

## Branded rice

Highly reputed rice brands are offered in small packages for tasting. Their cube packaging makes them easy to carry.

寿司ファンで料理が得意な人ならば、日本に来たからには最高のお米を買って帰らなきゃ！と考えるようで、「1キロだけ買って帰りたいから、オススメを教えてよ」と言われます。もちろんスーパーでも買えますが、米どころの県のアンテナショップでは、その土地自慢のお米を少量から買えるのでとても便利。例えば、山形県のアンテナショップにある「つや姫」300g（2合）はサイコロ型に固められていて持ち運びにも最適。「まずはインテリアとして飾って、食べてなくなったころまた日本においでよ」と渡したこともありました。

NO.
# 096

## 焼き鳥の缶詰

各種160円
(希望小売価格)

### Yakitori cans

Yakitori or grilled chicken is
a standard dish at any Japanese
izakaya (drinking place).
Take them home in cans.
Many flavors are offered including
sweetened soy sauce,
salty sauce, and hot pepper.

スシ、サシミに続き、ヤキトリももはや訳さず通じる言葉になってきました。ガード下の焼き鳥屋で煙をあげて肉汁がジュージュー滴るヤキトリを食べた思い出をもう一度、というご要望なら、やきとり缶をおみやげにあげると良いと思います。定番のたれから、塩、激辛など味のバリエーションも豊か。コンパクトサイズなので2、3個ならばお持ち帰りもそんなに負担にならないはずです。最近は洒落たおつまみ缶詰がたくさん出ているのでついつい迷ってしまうけれど、ここはやっぱりヤキトリで！

NO.
# 097

## カレーのルー

上308円　下194円
(いずれも希望小売価格)

### Cubes of curry sauce

Packages for making Japanese
curry sauce which is less spicy than
curry from other countries.
Enjoy making Japanese curry
with ease at home.

日本に来たら食べたいものといえば、スシ、シャブシャブ、スキヤキが定番ですが、B級シリーズとしてはラーメン、カレー、お好み焼きあたりです。その中でも、知ってはいるけど実際に食べてみたら別物で驚いた！というのがカレー。スパイスが効いてサラッとしたインドカレーに慣れている方も、とろみがあってマイルドな日本のカレーは美味しいそうです。家庭でも簡単に作れるので、気に入った方には簡単に作り方を訳したものをつけて渡すと喜んでもらえます。あまりスーツケースに余裕のなさそうな人にも気兼ねなく渡せます。

NO.
# 098

## 胡麻ドレッシング

993円
（税込）

### Goma (sesame) dressing

Enjoy the rich sesame flavor,
somewhat like the rich
creaminess of Caesar dressing.
Delicious with steamed dishes
as well as salads.

和食によく登場する胡麻は、ゲストの方から「とてもオリエンタルな印象だね」と言われることがあります。確かに和食に限らず、中華料理では担々麺や胡麻団子、その他アジア料理にもよく登場しますね。そんな胡麻製品のなかでも濃厚さがウリのドレッシング、彼らはこれが大好きで、結構重いのにスーパーで数種類買っていったりします。おみやげには瓶ではなく軽いプラスチック容器入りのものを選んで、念のためしっかりエアパッキンで包んであげると良いと思います。デパ地下の有名和食店の胡麻ドレッシングもおすすめ。

NO.
# 099

## そば茶

### Buckwheat tea (soba-cha)

Buckwheat is made into soba noodles,
but buckwheat can also be roasted
and served as soba tea.
They are healthy and caffeine-free.

来日したゲストが緑茶、抹茶、ほうじ茶の次に味わう機会が多いのは、お蕎麦屋さんのそば茶です。緑茶とは少し色の違うお茶を口にすると、全く予想とは違う味。「これは一体何？？」と目を白黒させることもしばしば。ほうじ茶よりも香ばしくてカフェインレス、そこがとても気に入ったという声も多く聞かれます。正体はさっき食べた蕎麦の実だと明かすと、日本には茶葉以外で作ったお茶もあるのかと意外な様子。お蕎麦屋さんのレジで売っていることも多いので、見つけたら買い！です。お茶ファンへの変化球みやげにどうぞ。

NO.
# 100

## 男梅

オープン価格

### Plum candies and snacks

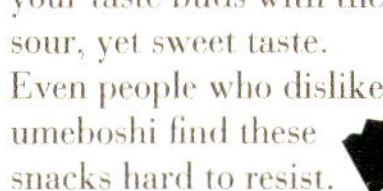

Candies and snacks derived from umeboshi (pickled plums) stimulate your taste buds with their salty, sour, yet sweet taste. Even people who dislike umeboshi find these snacks hard to resist.

Foods

男梅のようにしょっぱくて甘い、この相反する2つの味が一体化した食べ物はそんなにたくさんはないと思うのですが、北ヨーロッパ全域でものすごく愛されているものがあります。その名はリコリス（漢方薬にも使われる甘草ですね）。日本人があまり好まないのを知っていて、わざと"びっくりみやげ"として北欧の人が良く持ってくるリコリス。彼らの愛するリコリスに味が似ているのか、塩気と甘さが同居する不思議な男梅は北欧のゲストに大人気。梅干しはあまり好かれていないのに男梅が気に入られるのは、酸っぱさがきつくないからでしょうか。この男梅、最初はキャンディしかなかったのですが、現在はタブレット、グミ、シートにゼリーと各種揃っています。正直なところ、相手の嗜好調査なしでこれをあげるのはギャンブルだけれど、リコリスが好きだと聞いているならばぜひおみやげとして試してもらいたい一品です。余談ですが、あの男梅のキャラクターを気に入る人がいて、キャラクターグッズはないの？と聞かれたことがあります。あの顔、けっこう怖いと思うんですけど……（ちなみに大きい方が男梅蔵で小さい方が男ちび蔵、だそう）。

NO.
# 101

## いちごみるくキャンディ

200円

### Strawberry (ichigo) milk candy

This sweet candy is loved by children and adults.
The wrappers with strawberry prints are so cute.

Can't stop!

キャンディ・ドロップの老舗の名作、1970年発売のいちごみるく。日本では良く知られた国民的な商品ですが、ある時おみやげに持っていったら思った以上に大好評でした。キャンディなんてどの国にもあるんじゃないの？と思いがちですが、よーく考えてみると、海外のスーパーでお菓子コーナーを見ても、いちご単体の味だけはあってもそれにミルクがプラスされているものは、あまりない気がします。でも、日本以上にクリーム味は多いし、何かと濃厚でリッチな味を好むのも事実。なるほど、ウケた理由がなんとなくわかりました。加えてサクマ製菓のいちごみるくキャンディは、白地にいちごがちりばめられたあの包み紙も可愛らしく、お子さんのいるファミリーへのおみやげにぴったりです。このシリーズにはいちごの他にレモンや抹茶もあるのですが、やっぱりいちごとミルクの組合せが一番人気。だれが食べても美味しいですからねぇ。海外のスーパーのお菓子売り場のように、いちごみるくの山をスコップでザクザクすくえたらいいのに。ただしチョコレートと同じく、暑い国や夏場のおみやげには適していないので、ご注意を。

日頃見慣れているあれこれや、
昔懐かしいあのアイテムなど、
あれがまさかの人気おみやげに!?
国が変われば見方も変わります。

# 意外と人気

Unexpectedly popular gifts

NO. 102
|
NO. 139

# 生活雑貨と食料 編

NO. 102
健康サンダル
Sandal with massaging points

NO. 104
サランラップ
Plastic wraps

NO. 103
書道セット
Calligraphy sets for beginners

通訳ガイドの私が全然予想もしていなかったようなものが日本に来た方にとっては立派なおみやげになるという、名付けて「意外と人気」シリーズのラインナップについてもお話ししましょう。

意外に人気な生活雑貨としては、健康サンダル。あのブツブツが所狭しと付いているあれ、です。初めて試す海外の方は痛くて履けないのでは？と思っていたら意外にも「気持ちいい〜」のだそう。もしプレゼントするなら、学校の先生が校内履きにしているような茶色のものより、ちょっと洒落たデザインのものが良いと思います。次に書道セット。日本滞在中に書道体験をしてみて、もっと書きたくなる方も多いようです。筆、下敷き、文鎮など一式がバッグに入っている小学生用の書初めセットを買う方が何人かいました。ただし硯は割れ物なので、お持

NO. 106
インスタント麺
Instant noodles

NO. 105
炊飯器
Rice cooker

NO. 107
わかめスープ
Instant seaweed soup



ち帰り時には要注意です。台所用品からはサランラップ。日本製は驚くほどキレ良し、ツキ良しで、一度使うと他には戻れないというほど絶賛されています。

そして、こちらは以前から一定の購入者はいたであろう炊飯器。電圧や外国語で書かれた取説付きなど、ちゃんと海外仕様になっているものも多いです。目的はご飯を炊くためとは限らず、フィンランドの方は伝統料理のカレリアパイのフィリング（中に入れる具材）になるお粥を炊飯器で作ると言っていました。

食べ物系はというと、インスタント麺、わかめスープ、ぬかなど。インスタント麺でも「出前一丁」などは日本以上に浸透している国もあるくらいですが、ラーメン・うどんと種類を問わず、生めんの再現度は日本製が一番なんだそうです。次に

NO. 108
ぬか
Rice bran

NO. 109
キャラ弁レシピ本
Recipe book for making cute bentos (lunches)

来日して本物を食するまでのつなぎ（？）として買うよ、という声も聞かれました。一方、わかめスープは自国にない味ということで買われています。

ぬかに至っては「買って一体どうするの？」という感じですが、なんとぬか漬けの味が気に入りすぎたので、帰国後に自前ぬか漬けにチャレンジしたい！という人が買っていきました（大丈夫だろうか……）。

まだまだありますよ。カレーの海で泳ぐクマや卵焼きの布団をかけて寝るパンダなどのキャラ弁を作ってみたいということでそのレシピ本をおみやげにする人も。海外でもそういった本は出ていますが、バリエーションの多い日本のレシピ本が欲しいとのことでした。

日本製はバリエーションが多いといえば、つけまつげ。日本製のどこがいいのかさっぱりわからなかった

NO. 111
プリクラシール
Print club stickers (Purikura) with your own photos

NO. 110
つけまつげ
False eyelashes

NO. 112
漢字ドリル
Kanji workbooks



のですが、10種類ほど買っていた欧米のティーンエージャー曰く、「長さや濃さが違ってデザインが豊富」だそうで。ちなみにまつげ美容液も日本製は配合成分基準が厳しく、安心して使えるということでした。さらには日本製のつけまつげをつけていくであろうプリクラ。これもおみやげになるとは！　なるほど、普通の記念写真よりも記念になりそうです。

そして、日本にまた来てくれそうな人がよく買って行くおみやげ、それは漢字ドリルです。外国の書店の学習コーナーにも漢字練習用の本はたくさんありますが、日本の小学生が使っているドリルは学年別など細かく分かれているので、自分のレベルに合ったちょうどいいものが見つかると聞きました。ジャポニカ漢字練習帳と一緒にプレゼントするといいかも？

# ドラッグストア 編

NO.
113
めぐりズム アイマスク

Steam eye masks
(MegRhythm)

NO.
114
のどぬ～るぬれマスク

Steam masks
for a sore throat

NO.
115
休足時間

Cooling gel sheets
for
feet and legs

海外に行くとついスーパーや市場に寄ってしまうという人も多いと思いますが、日本人は特別用事がなければ薬局やドラッグストアに寄っておみやげを、ということはあまりないのでは？　その逆はというと……けっこう頻繁にあります。

実際、製品は日本語表記なのでそれが何かは説明を聞くまでほぼわからないのですが、聞けば「これはあったら便利！」と感じておみやげにしている模様。おみやげとして買ったけれど、帰る前に自分でほとんど使っちゃったよ、と後から聞くことの多いリラックスグッズが人気です。蒸気が出て気持ちの良い「めぐりズム」のアイマスク（帰りの飛行機で我慢できずに友達へのおみやげ分も開けてしまったという話も）や、「のどぬ～るぬれマスク」など、確かにそこまでやるか感のあるこれらの製品は、日本らしいおみやげか

NO. 116
サロンパス
Pain relief patches (Salonpas)

NO. 118
熱さまシート
Cooling gel sheets for fevers

NO. 117
使い捨てカイロ
Disposable hand and feet warmers



も。歩き過ぎた足、荷物を運び過ぎた腰に「休足時間」や「サロンパス」でお手当、という方もいます。

地理的な理由から喜ばれているのが、使い捨てカイロ。私のお客様の多くは寒〜い、いや半端じゃなく寒い北欧の方なので、現地に行く時にも「買ってきて！」とリクエストがあるほどの安定した人気ぶり。北海道の人が寒さに慣れているように、北欧の人たちも防寒対策は十二分でカイロなんか不要なのでは？と思っていましたが、そんなことはなかった！　特に靴に入れるタイプなどが便利だそうです。

温めるアイテムとくれば、冷やすアイテムもおみやげになっています。「熱さまシート」は基本的には発熱時に使うものですが、「涼しいから」という至極当然な理由で、真夏の東京でおでこに貼っていた人がいました（一応、見た目問題について

意外と人気

## ドラッグストア 編

NO.
120
保湿ティッシュ

Lotion facial tissues

NO.
119
虫よけシール・虫よけリング

Mosquito repellent patches and rings

進言はしましたが）。

他に外国の方が季節モノで感心し買っていたのが、虫よけグッズいろいろ。虫よけスプレーはどこでもあると思いますが、特に子ども用の虫よけシール（しかもキティ柄）や虫よけリングなど工夫されたアイテムに興味を示して、ママチームがおみやげにするわと買っていきます。それらについて、「こういうものって、昨日ジンジャで買ったオマモリの科学的バージョンよね」という鋭い指摘があった時は、なるほどそういう見方もあるのか……と唸ってしまいました。

さて、他にはどんなおみやげ候補があるかというと、保湿ティッシュ、あぶらとり紙、使い捨ておしぼりなどです。保湿ティッシュは経験したことのない肌ざわりが気に入ったとのことで、ポケットタイプじゃなくて、箱ティッシュを2個買っていった

NO.
121
あぶらとり紙

Oil-absorbing facial paper

NO.
122
使い捨ておしぼり

Disposable wet towels



人もいました（かさばるのに……）。

ちょっとマニアックなところではあぶらとり紙。日本ほど脂の浮きやすい気候でなければそんなに必要になるとは思いませんが、和風の柄だったり、「緑茶成分入り」と書いてあるとちょっとしたおみやげになるようです。

　そして、使い捨ておしぼり。ホームパーティやピクニックに持っていくためなのか、「何に使うの？」と聞いたところ、オシボリの習慣が気に入ったから家で待ってる家族に食事時に出してみたい、ということでした。念のため、大事に取っておくと、カラカラに乾いてただの紙になるから早めに使ってくださいとお伝えしておきました。

## 番外編

NO. 125
わさびおろし
Wasabi graters

NO. 123
とび職の作業着
Work clothes for steeplejacks

NO. 124
変な日本語のTシャツ
T-shirt with funny Japanese words

ゲストの買い物に同行していると、中には「えっ、それ本当に買うの？」と意表を突かれるものや、「一体どうやって持って帰るのか？」という疑問が湧いてくるおみやげに出会います。きっと本来の用途とは違う目的なんだろうなぁと薄々思いつつ観察するのは、通訳ガイドとしても勉強になることが多いものです。

まず、衣料品関連だととび職の作業着。あの裾が膨らんだズボンです。あるゲストは「ファッショナブルなので買う！」と言っていましたが、トップスに何を合わせるのかとても気になるところです。それと“変な日本語”のTシャツ。少し前にビールのスーパードライの直訳と思われる「極度乾燥」の文字が入ったTシャツは海外で良く見られましたが、最近日本で見るTシャツの文言は、「私の名は吉田でも田代でもありません」といった宣言系や、「ち」に濁点（本書の品位が下がるのであえ

て書きませんが）など、潔い漢字1文字系などが多いです。

台所用品では、実際にお店で目にすると欲しくなるのか、わさびおろし、卓上七輪（旅館の食事などで良く出てくるアレ）、たこ焼きプレート（アヒージョをたくさん作るんだとか。日本でもこの使い方、増えていますね）、さらには温泉饅頭などにじゅ〜っと焼き印をつける時に使う焼きごてなどがあります。焼きごてを買った方はパンケーキに押してみたいと言っていたので、まぁ使い方としては正しいと思いますが、印の文字が「寿」だったので使うチャンスは限られるのでは……。でもきっと字の形がカッコいいからという理由だろうからまぁいいか。

ここまではまだ持ち帰るのにそれほど難儀ではないので、ゲストが買うと言えば私も止めないのですが、ここから先はご本人が気に入ったが最後、後先考えずに買っちゃいました感が否めないものばか

## 番外編

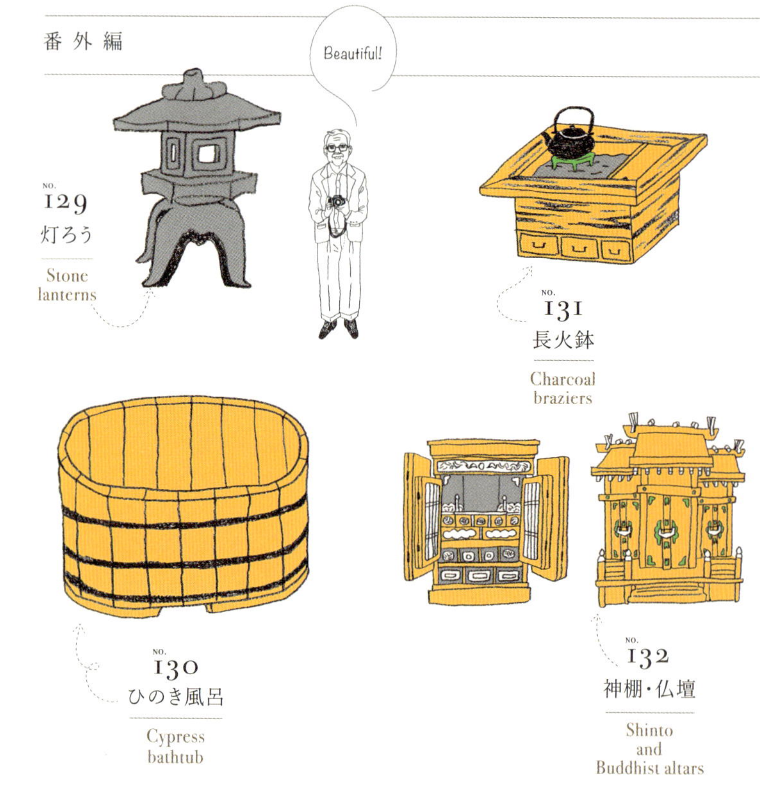


り。いずれも文字通り、スーパーヘビー級です。灯ろう、ひのき風呂、長火鉢、神棚に仏壇。どれも「だれが・いつ・どうやって・なんのために・どのように持ち帰るのか？」と思わず5W1Hで問い詰めてしまった記憶があります。このうち、灯ろう・ひのき風呂・長火鉢あたりは、庭に置くのねとか、どうしても温泉気分を味わいたいのかなとか、ある程度納得したのですが、神棚や仏壇は見当もつかなかったので聞いてみると、ともにあっさり「インテリア用」とのこと。確かにどっちも飾るものなのである意味合ってはいます。特に仏壇は「中に絵を飾ったりできるし、ほこりが入らなくていいね！」という斬新なご指摘。そう言われればそうですねぇ。いかに自分が固定観念に縛られているか、気付かされました。

他にも「なぜそれ」ジャンルのものはたくさんあります。家電系では便座やふとん乾燥機（ベッ

NO. 133
便座
Electric toilet seat with bidet functions

NO. 135
サドル
Bicycle saddle

NO. 138
地震対策用固定ゼリー
Immobilizing jelly pads to prepare against earthquakes

NO. 134
ふとん乾燥機
Quilt dryer

NO. 136
釣り竿
Fishing rods

NO. 137
漢字辞典
Dictionary of Chinese characters

NO. 139
刀剣
Japanese swords



ドは干せないから、確かに便利なのかも……）。日本製の品質が高評価を得ているらしいジャンルでは自転車のサドルに釣り竿・ルアー。これは確かに日本で買うべきだと私も同意したのは漢字辞典。そして意外性では一番かもしれない地震対策用固定ゼリー。日本ならではという気はしますが、一体何に使うのかわからないので尋ねたら「いたずら」とのこと（コップの裏にでも貼るのか？？）。それはいいアイディアだと私も内心ほくそ笑んでしまいました。

最後に、いろいろな意味で最も謎だったものをご紹介します。それは本物の刀剣。模造刀じゃないですよ。本当に何でもスパッと切れちゃうサムライ・ソードですよ。ナントカ流何代ナニナニ、のような品なので、値段的にもホントに買うんですか？という感じだし、国外へ持ち出すにもひと苦労。いやいや、ゲストの数だけいろいろな要望がありますね。

コラム

1

# 日本のスーパーラッピング

おみやげは中身が大切、もちろんその通りです。でも、外側も大事にするのが日本のおみやげ。ゲストに何かプレゼントすると、包みを開ける前にまず、手の込んだラッピングに感嘆されることがよくあります。デパートに入社すると、まずは包み方を練習するというのは有名な話ですが、包装に力を入れているのはデパートだけではありません。昔からある風呂敷包みの技術を取り入れたり、特製容器を使って「魅せる容れもの」でアピールしたり、千代紙のようなデザインの袋が箱に美しく収まっていたり。和菓子などシブめのお菓子も、巾着包みやキャンディ包みにするととたんにかわいらしさ、華やかさが増しますね。食べちゃった後もサンドイッチを入れて使えるわね、と好評だったカゴ（中身はもなか）も素敵です。

さらに、これぞジャパニーズラッピングの大傑作と私が勝手に思っているのが、このふたつ。手のひらサイズの小さな風呂敷包み（中には枡に入った金平糖など）と、漢字が書かれた包装紙を使って、芸術的にひだを寄せたお茶缶包みです。これはなかなか真似できません。

では、もらった方の反応はというと、開けたら最後、二度と同じようには戻せない……と開けるのを躊躇してしまう派が半分、かたや「Wow! Beautiful!」と言いつつも、笑顔で思い切りよくビリビリ破く派が半分。包装ひとつでこの反応の違い……そこがまた複雑なラッピングを施したおみやげをあげて面白いなぁと思うことのひとつです。

# 3章

# おみやげを探しにいこう!

Let's go OMIYAGE hunting

渡す相手が
決まっていてもいなくても、
おみやげ探しは楽しいもの。
日本にいてもまだまだ知らない
"良いモノ"が
たくさんありそうです。

おみやげを
探しにいこう!
その1

日本の古いものを探すなら

# 骨董市

骨董品は究極の1点ものとしてプレミア感があるのか、私たちが海外で蚤の市を楽しむのと同じく、ゲストの皆さんも古いものが大好き。骨董にもいろいろあるけれど、人気があるのはやっぱり着物・帯や陶器、そして古道具のお店など。床にしゃがみこんで古い豆皿の入った段ボール箱の中をひっくり返してはうなっている、“海外鑑定団”を時々発見します。そんな楽しい骨董市に、時期をかまわず「どうしても行きたい！」と良く言われるのですが、骨董市って毎日やってるわけじゃないので、なかなか難儀なリクエストなのです……。

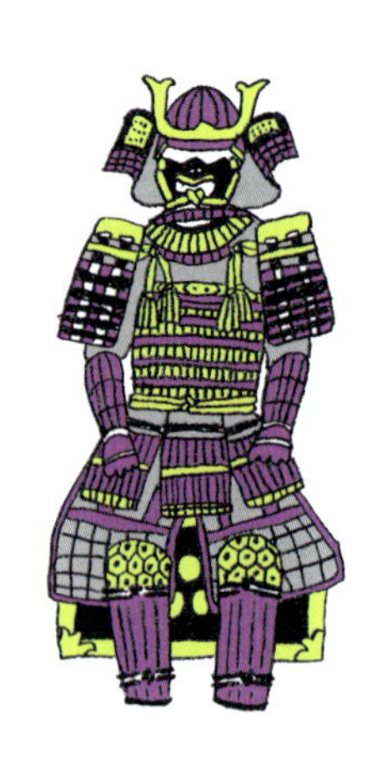

年に数回しか開催されない大規模な骨董市の日程にたまたま当たったというのは、とても運の良い人。「世田谷ボロ市」や「平和島全国古民具骨董まつり」などが有名です。それらが難しくても、月1回くらいで開かれている骨董市なら確率は高そうです。例えば、東京国際フォーラム広場の「大江戸骨董市」、新井薬師や護国寺、乃木神社といった場所です。そして残念ながら、今日はどこも骨董市はやってないよ、というハズレ日に当たってしまったらどうするかというと、アンティークタウンとして名を馳せている西荻窪の街をぶらぶらします。1ヶ所にまとまってはいないものの、街歩きも兼ねての骨董探しはなかなか好評です。

先日、平和島の骨董まつりを訪ねてみました。東京流通センタービルで年5回開かれているこの骨董市は、出店数なんと250店。見てまわるだけでへとへとになりますが、屋内なので天気や暑さ・寒さを気にしなくていいのが良いところ。この日も開場の10時前から入口は黒山の人だかりで、その中には外国からと思われる人も結構並んでいます。

お買い物タイムに出会った海外からの参戦組にちょっと話を聞いてみると……、イタリアからお越しの女性2人組は、舞妓さんが履く

黒塗りのぽっくりを品定め中。なんと片足ずつ2人で分けて部屋に飾るんだそうな。どうして裏に鈴がついているのかと聞かれたので、「私が来ましたよ、という合図です」とお教えすると、「あら、家族が寝静まった頃こっそり帰宅する私の夜遊びには使えないわね」とのこと。確かにそれには不向きですね。次に出会ったのは、アメリカはテキサスからお越しのご夫婦。奥様は漆器狙い、ご主人は武具狙いで今回2回目の来場だそう。予算は"無制限"で、お気に入りを見つけたら値段にかまわず買うつもりなんだとか。テキサスにも宵越しの金は持たない主義の人がいたんですね〜。

ほかにも何組もの海外の方々に出会いましたが、いずれも意外な使い方をしようとしていたり、なんのためにそれを買うの？と思うようなセレクトだったり。こちらもモノばかりでなく見方・考え方の新発見ができるのが、骨董市で古いものを一緒に探す醍醐味です。

親しい方へなら、何に使うか絶対わからなそうなものを探してプレゼントしてみるのもアリですよ。

### 世田谷ボロ市

毎年1月15・16日、12月15・16日
9:00〜20:00
東京都世田谷区世田谷1丁目にある
ボロ市通りとその周辺
（世田谷線世田谷駅・上町駅）

### 平和島全国古民具骨董まつり

3・5・6・9・12月の各3日間
10:00〜17:00
東京都大田区平和島6-1-1
平和島・東京流通センタービル

### 大江戸骨董市

毎月第1・3日曜
9:00〜16:00（雨天中止）
東京都千代田区丸の内3-5-1
東京国際フォーラム1F地上広場

### 新井薬師骨董市（アンティーク・フェア）

毎月第1日曜
6:00〜15:30（雨天中止）
東京都中野区新井5-3-5

### 護国寺骨董市

毎月第2土曜
7:00〜15:00（小雨開催）
東京都文京区大塚5-40-1

### 乃木神社骨董蚤の市

毎月第4日曜（11月は開催なし）
9:00〜16:00（小雨中止）
東京都港区赤坂8-11-27

おみやげを
探しにいこう！
その2

日本各地のおすすめがずらり

# アンテナショップ

東京中心部には各県ごとにプロデュースされた「アンテナショップ」が揃っているので、自分の出身地をもっとアピールしたい、もうちょっとめずらしいものをあげたいといった場合に探しにいくと良いと思います。

それぞれのアンテナショップには食べ物から工芸品まで各ジャンル取り揃えられていますが、県によってラインナップの充実度は少しずつ違います。私が注目しているアンテナショップは、富山（日本橋）、福井（表参道）、三重（三越前）、島根（三越前）、岩手（東銀座）、鳥取・岡山（新橋）です。その理由は、①ゲストにはすでにザ・ニッポンブランドとして認知度の高い京都や金沢（石川県）以外で、②日本の工芸技術が生かされたおみやげに良さそうなアイテムが充実しているという点です（それに加えて、各ショップとも美味しい郷土食を出すレストランなどが併設というのも、贔屓のワケのひとつ）。

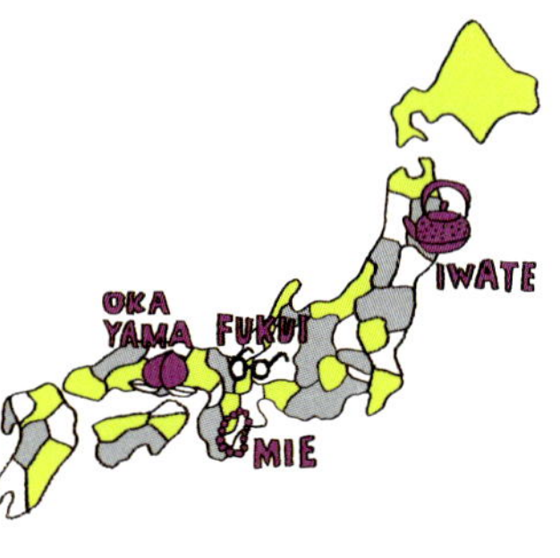


富山県の「日本橋とやま館」は、さすがモノづくりの街・高岡を擁するだけあって、鋳物や和紙製品などを多く扱っています。お買い物ついでに寄れる日本酒バーがついているのも嬉しいところ。福井県のショップは「ふくい南青山291」。ハイブランドが並ぶ表参道の裏路地にひっそりと構えているのですが、入ってみるとお箸に繊維製品、ろうそくと県内の名品がズラリ並んでいます。伊勢神宮が鎮座する三重県の「三重テラス」には、海・山両方の恵みを受けた特産品、木工品やパールを使った商品、焼き物では萬古焼が置いてあります。2018年2月にリニューアルオープンした島根県の「にほんばし島根館」は日常使いできる焼き物が充実。民藝運動の影響を受けた実用的でモダンな出西窯の陶器などは、海外の食卓にもなじみやすい作風で、おみやげとして

も喜ばれそうです。

銀座を訪れたなら、岩手県の「いわて銀河プラザ」へどうぞ。こちらには鉄瓶や箪笥といった重量級の品々が控えています。予算十分、飛行機オーバーチャージ関係なし！の場合にはぜひ。その足で行けるのが鳥取・岡山県の「とっとり・おかやま新橋館」。実はここ、焼き物の中でも特にゲストに人気の備前焼と、ジーンズ関連商品が多く、おすすめです。手芸好きの方へなら、カラフルな畳のへりがいいですよ。小さくリボン状に巻いてあり、何に使うのかはもらった人の腕次第。

そんなに何軒もまわる時間がないよというご意見も出ると思いますが、それなら、その名も「まるごとにっぽん」へ。浅草にあるので観光ついでに寄ることができます。日本各地から様々なお店が出店している2Fフロアをめぐれば、何かいいものが見つかるはずです。

めずらしいものが手に入るアンテナショップは、おみやげ探しの場所としてもとても楽しいのですが、行くとついつい、おみやげよりも自分用・自宅用の買い物が多くなってしまうのでご注意を。

日本橋とやま館

東京都中央区日本橋室町1-2-6
日本橋大栄ビル1F
03-6262-2723
10:30～19:30　年末年始・ビル施設点検休

ふくい南青山291

東京都港区南青山5-4-41　グラッセリア青山内
03-5778-0291
11:00～19:00　無休（夏季・年末年始除く）

三重テラス

東京都中央区日本橋室町2-4-1
YUITO ANNEX 1・2F
03-5542-1033
10:00～20:00　無休（年末年始除く）

にほんばし島根館

東京都中央区日本橋室町1-5-3　福島ビル1F
03-5201-3310
10:30～19:00　無休（年末年始除く）

いわて銀河プラザ

東京都中央区銀座5-15-1　南海東京ビル1F
03-3524-8282
10:30～19:00（毎月末日～17:00）
無休（年末年始除く）

とっとり・おかやま新橋館

東京都港区新橋1-11-7
新橋センタープレイス1・2F
03-6280-6474（ショップ）
10:00～21:00（ショップ）　無休（年末年始除く）

まるごとにっぽん

東京都台東区浅草2-6-7
03-3845-0510
10:00-20:00（1F・2F）　年中無休

おみやげを
探しにいこう!
その3

子どもに人気のおみやげなら

# キャラクターショップ

夏休みやクリスマス休暇の時期には家族で来日というゲストも多く、そうなるとおみやげ探しもお子さま優先に。もしくは大人だけで来ていて、お留守番の子どもたちにたっぷりおみやげを買って帰って、機嫌良くなってもらおうというケースもあります。子ども同伴の場合は、お店に入るやいなや子どもたちはお目当てのものを求めてまっしぐらそしてテンションMAX、大人は疲労困憊となるのが大体のパターン。まあきっとどこの国でも似たような光景ですね。

では実際どんなところに行っているかというと、目的の多くはアニメやキャラクター関連モノなので、何はともあれ「KIDDY LAND」を覗きます。ちなみに子どもの"3大リクエスト"といえば、ジブリ、ポケモン、ハローキティ。どれももう古いんじゃないの？と思うかもしれないですが、これらの根強い人気に驚かされます。巨人軍以外にも、どうやらアニメキャラクター人気は永遠に不滅のようです。「KIDDY LAND」でカバーできない場合は、次に東京駅八重洲北口地下1階にある「東京キャラクターストリート」へ。

ジブリのお店・どんぐり共和国、キティにマンガ雑誌『ジャンプ』関連のショップ、さらにはポケモンと、ここには本当に何でもあります。各店舗は小さめなので、キャラクターショップの幕の内弁当といったところですが、駅直結で便利なことこの上なし。時間がなければここで十分だと思います。

もし時間に余裕があって、さらにはっきり好きなものがわかっていれば、それぞれの専門ショップがおすすめです。ポケモンならば、池袋サンシャインシティアルパ2階の「ポケモンセンターメガトウキョー」。浜松町から移転してきたここは"メガ"というだけあってちょっとしたゲームセンター並みに広く、ポケモンGO

関連の商品も充実（余談ですが、隣のワールドインポートマートビル3階には、『ジャンプ』のテーマパーク「J-WORLD TOKYO」があるので、「NARUTO」や「ONE PIECE」好きのお子さんがいるグループは、時間がないときには寄らないほうが無難かも……）。また、新しく日本橋高島屋東館5階にオープンした「ポケモンセンタートウキョーDX」は、全国初のポケモンカフェも併設していて、ますます子どもたちは帰りたくなくなりそうです。そして女の子向けなのが、「サンリオワールドギンザ」。こちらのお店は日本限定品やご当地モノもたくさん揃っているので、おみやげ探しに最適だと思います。

子どもといっても、ティーンエイジャーになると興味の対象がファッションなどのことが多いので、まずは竹下通りを流して歩き、それから裏原宿あたりのショップをまわって洋服やスニーカーなどを買うことになります。

この仕事を始めてから、10代向けのブランドやアニメのキャラに妙に詳しくなってしまい、ついうっかり語ってしまわないように気をつけている今日この頃です。

### KIDDY LAND 原宿店

東京都渋谷区 神宮前6-1-9
03-3409-3431
月〜金　11:00〜21:00
（土・日・祝は10:30〜）　年中無休

### 東京キャラクターストリート

東京駅八重洲北口地下1F
（東京駅一番街地下1F）
03-3210-0077（代表）
10:00〜20:30　年中無休

### ポケモンセンターメガトウキョー

東京都豊島区東池袋3-1-2
サンシャインシティ　アルパ2F
03-5927-9290
10:00〜20:00　年中無休

### ポケモンセンタートウキョーDX & ポケモンカフェ

東京都中央区日本橋2-11-2
日本橋高島屋S.C.東館5F
03-6262-6452
10:30〜21:00（カフェは〜22:00）　年中無休

### サンリオワールドギンザ

東京都中央区銀座4-1
西銀座1F・2F
03-3566-4060（1F）
03-3566-4040（2F）
11:00〜21:00（日曜・祝日〜20:00）
年中無休

おみやげを
探しにいこう!
その4

時間がなければここへ！

# おみやげレスキューショップ

「おみやげを渡したい人がいるんだけど、もう明日帰国だし、何が良いかも思いつかないし、うーん、どうしよう」ということがあるかもしれません。そんな時は、広範囲に揃えられた総合おみやげショップに行くとピンとくるものに出会えると思います。「急がば回らずすぐに行こう！」ということで、困った時のお助けショップを取り扱いジャンルごとにご紹介します。

## オリエンタルバザー

ゲストが想像する日本らしいおみやげを探すならこちら。置物・陶器などの小物から人の背丈以上の仏像まで何でも揃っている。入口付近に置いてある刀剣形の傘は（短剣形の折り畳みバージョンもあり）密かに人気。

東京都渋谷区神宮前5-9-13
03-3400-3933
10:00〜19:00
木曜休

## 富士鳥居

入口付近には浮世絵やポストカードといった手頃なものから、奥へ進むと本格的な根付や伊万里焼、九谷焼などコレクターが喜びそうな掘り出し物までもりだくさん。お店の方が丁寧に相談にのって下さるのもありがたい。

東京都渋谷区神宮前6-1-10
03-3400-2777
11:00～18:00
火曜・第3月曜休

## 中川政七商店東京本店

日本各地の工芸をベースに、現代的なデザインを取り入れた生活雑貨のお店。キッチン・バスまわりのアイテムも充実している。全体的にシンプルなものを好むゲストに喜ばれそうな品が多い。

東京都千代田区丸の内2-7-2 KITTE 4F
03-3217-2010
11:00～21:00
(日曜・祝日～20:00、祝前日～21:00)
元日休(KITTEに準じる)

## 日本百貨店おかちまち

秋葉原～御徒町駅間高架下のハンドクラフトのお店が並ぶ「2k540 AKI-OKA ARTISAN」内の総合おみやげショップ。デザイン性の高いセレクトが特長で、近隣の店舗と併せてまわれば感度の高いゲストへのおみやげが見つかりそう。

東京都台東区上野5-9-3 2k540
AKI-OKA ARTISAN A-1
03-6803-0373
11:00～20:00
水曜休(祝日の場合は営業)・年末年始休

## 伝統工芸青山スクエア

全国の経済産業大臣指定伝統的工芸品が一堂に会するショールーム兼ショップ。100年以上続く日本の工芸技術が生かされた品だけが置かれている。ジャンルを問わず、かつ1アイテムごとの種類も豊富。例えばこけしだけでも20種類以上ある。

東京都港区赤坂8-1-22 1F
03-5785-1301
11:00～19:00
無休(年末年始除く)

おみやげを
探しにいこう!
その4

時間がなければここへ!

# おみやげレスキューショップ

## だんどりおん

漆器、陶器、仏像、照明、家具、鎧、浮世絵などなど、あらゆる骨董品が揃う。アンティーク好きの方へ何か贈るなら、まず最初に覗いてほしいお店。

東京都台東区台東 2-4-13
03-3837-1980
11:00〜19:00(水曜13:00〜)
不定休

## 小津和紙

和紙ならば何でもあるといっても過言ではない紙の総合ショップ。あの地域のあの和紙というピンポイントの探し物も大丈夫。和紙手漉き教室も頻繁に開催しているので、ゲストと一緒に体験してみては?

東京都中央区日本橋本町3-6-2
小津本館ビル
03-3662-1184
10:00〜18:00
日曜・年末年始休

## のレン

店内は女性向けのかわいらしいおみやげでいっぱい。本書で紹介した千代紙の折鶴を加工したイヤリングや枡リョーシカなど、伝統的なものにひとひねり加えた品が多いのも魅力のひとつ。京都・祇園本店の他、浅草、関西空港、中部国際空港など観光客が多い場所に出店しているのでゲストと一緒に訪れるのも一案。

神楽坂店
東京都新宿区神楽坂1-12
03-5579-2975
10:00〜21:00
年中無休

## soi

KAPPABASHI COFFEE&BAR内にある陶器・ガラス製品中心の和雑貨店。陶器類は作家ものとアンティークの両方あり、予算や好みに応じて選ぶことができる。ゲストがとなりでコーヒーを飲んでいる間にささっとおみやげを買うこともできて便利。

東京都台東区西浅草3-25-11
KAPPABASHI COFFEE&BAR 1F
03-6802-7732
11:00〜18:00
月曜休(祝日の場合は営業、翌日休)

## 日本民藝館推薦工芸品売店

柳宗悦の起こした民藝運動の全てがわかる美術館、日本民藝館併設のミュージアムショップでは、その流れを汲む日本全国の窯で作られた陶器類、竹やあけびのかごなど、温かみの感じられる品々に出会える。

東京都目黒区駒場4-3-33
03-3467-4527
10:00〜17:00
月曜休（祝日の場合は開館、翌日休館）
年末年始・陳列替え等に伴う臨時休館

## 備後屋

全国各地の細部まで網羅した民芸品のラインナップは圧巻。ジャンルで分けられた各フロアはお店というよりもはや博物館レベル。作り手の少なくなってしまった貴重なものも手に入る。

東京都新宿区若松町10-6
03-3202-8778
10:00〜19:00
月曜・第3土曜とその翌日休
(5・8・11・12月を除く)

## d47 design travel store

県という切り口で日本の旅やものづくりに焦点をあてたd47 MUSEUM併設のショップ。日本各地に散らばるとてもシンプルかつデザイン性の高いおみやげを探すのにぴったり。商品構成はお椀やお盆などの木工品、陶磁器、お茶など生活道具全般を網羅している。

東京都渋谷区渋谷2-21-1
渋谷ヒカリエ8F
03-6427-2301
11:00〜20:00
休みは渋谷ヒカリエに準じる

## AKOMEYA TOKYO銀座本店

日本の食関連みやげの殿堂。2フロアからなる銀座本店の1Fには、選び抜かれた日本の調味料やごはんのお供、お菓子が幅広く揃う。デパ地下以外でハイクオリティな食品を探すならばここがおすすめ。醤油ひとつとってみても、生産者の規模の大小を問わず品質で選ばれているのがわかる。2Fは食卓まわりの雑貨が充実していて、作家もののお皿や手頃な価格で気の利いたデザインの陶磁器が主力商品。

東京都中央区銀座2-2-6
03-6758-0270
11:00〜20:00(金曜・土曜・祝前日〜21:00)
不定休

2

ニッポン好きなあの人に聞く

# My favorite OMIYAGE

ガイドとしては、受け取る立場からの声がなんといっても一番参考になるので、日本に滞在経験のある方によくヒアリングしています。もらって嬉しかったもの、自分で買って良かったもの、次に来たら買いたいものなど、皆さんの声をちょっとご紹介します。果たしてこれまでのおみやげ選びは正しかったのかどうか……!? 気になるところです。

Annika Bergman さん

スウェーデン

私のおみやげリストはとても長くてどれから言えば良いのかわからないくらい（笑）。中でも自分で買って一番良かったものは、ハイグレードなNikonのカメラです。買った後は夢中で撮りまくりました。それから漢字が書いてある壁飾りと、絹のキモノ・ジャケットね（筆で「寿」と書いてある色紙と羽織のことでした！）。このジャケットを手持ちの服とどう合わせて着るか、考えるのが楽しいわ。もらって嬉しかったのは梅酒ね。おすすめされたから試してみたら、とても美味しかったの。帰国してから友人にもごちそうしたら、とても好評でしたよ。

買い逃しちゃったのは食器や陶器類。スーツケースの空きがなかったので泣く泣く諦めました……。なので、もしおみやげにもらえたらとても嬉しい！

Espen Berg さん

ノルウェー

僕は文化、人、そして食べ物と総じて日本が好きなので、何が一番もらって嬉しいかと聞かれるとちょっと考えてしまうなあ。でも、もしひとつ選ぶのであれば、味噌かもしれない。とても日本らしい食べ物だよね。味噌汁の作り方も習ったし、味噌があれば家で再現できるから、日本で過ごした時間を再び追体験できるような気がするしね。もしこの先にもらう機会があるとしたら、美味しい日本酒かウィスキーがいいな！

Tilde Hjortshøj さん

デンマーク

日本には何度も来ています。私は日本の伝統工芸品が好きで、特に好きなのは漆器や木工製品、焼き物。これまでに買って帰ったものの中で、ナンバーワンを選ぶのは本当に難しい。でも、思い入れが特に強いのは、輪島を訪れた時に手に入れた塗りの丸盆ですね。そのシンプルな美しさは、日本の工芸技術の神髄を感じさせます。すでに相当な数の工芸品を日本から買ってきているので、次からはお茶とか食べ物などをおみやげにしようかなと思っています。

Sami Häikiö さん

フィンランド

僕のお気に入りのおみやげといえば、日本の食べ物全般だね。何しろヨーロッパのものとはちょっと違っていて、なかなか味わえない貴重なものだと思うよ。それはクッキーだったり、チョコがけのポテトチップスだったり、日本独特の味だから一口食べればいろいろと思い出が蘇ってくる。もし次にもらうとしたら……そうだなぁ、日本にしかない食材が含まれた食べ物がいいね。海藻や特別なお米、あとはヨーロッパでは買えないようなお茶などが嬉しいね。

Johanna Ora さん

フィンランド

日本のおみやげで気に入ってるのは、キッチン用品。中でも一番は包丁ね。日本人が作るものは細部までこだわりがあって、どれをとっても高品質で安心できる。もらったら嬉しいなと思うのは、素敵な湯呑やカップね。でも、本当は何でも嬉しいわ（笑）。

Marko and Katja Salonen さんご夫妻

フィンランド

Marko さん（ご主人）

日本のおみやげで気に入っているものは3つあって、まず浴衣、それとお酒用のグラスに包丁だよ。浴衣はフィンランドに帰ってからも、サウナの後に着ているよ。これは本当に便利だね！

Katja さん（奥様）

私は古いこけしが好きなの。すでに3つ持っていたんだけど、箱根に行った時にとてもかわいいのを見つけちゃって。ちょうど誕生日が近かった、娘へのプレゼントとして買いました。他にも、日本の食器が大好き。こけしも食器も、見るとそれを買った場所や日本で過ごした日々を思い出しますね。もし日本のおみやげを持ってきてくれるとしたら？　そうねえ、緑茶と、できれば生八ツ橋もあると嬉しいなぁ。みんなが好きかどうかはわからないけれど、私は好きなの！　でも、子どもが通っている幼稚園に持っていったら、他の子たちも美味しそうに食べていたわよ（笑）。

Attention!

コラム

3

# おみやげに要注意のリスク品

おみやげを考える時、「せっかくだから日本の味を！」と思うのは当然のことなのですが、そこには思わぬ落とし穴が。良かれと思って「さあさあ、試しに食べてみてよ」と勧めたものの、反応はしばし無言……ということもあります。

そのひとつが、おせんべい。過去のゲストのリアクションを振り返ってみても、なぜだか薄い反応が多かったですねぇ。ある年配の方は、味見しようと堅焼きせんべいに歯を当てただけで、食べるのをやめてしまいました。自国にしょっぱいスナックはチップスくらいしかないので、さすがに硬すぎてどうも食指が動かなかったようです。もし気に入ってもらえたとしても、お持ち帰り途中で割れてしまうような、繊細なつくりのおかきなどはあまり好適品とはいえません。家について開けてみたら、パン粉ならぬせんべい粉になっていた、ということになりかねないです（万一そういう事態になったら、「揚げ物を作る時にでも使ってね」と伝えましょうか）。

一方、日本の甘いもの代表のあんこも、かなり好みが分かれるので注意が必要です。「黒い」食べ物、という時点ですでに及び腰な人もいます。そのほかよく聞くのは「甘すぎる」というご意見。お抹茶をいただく時によく見ていると、一緒に供されるおまんじゅうや練りきりを残す人はけっこういます。

その「黒い」「甘い」をどちらも見事にカバーしてしまっている羊羹はさらにハードルが高いので、説明なしで渡してしまったら、「この重くて黒いバー、一体何??」と海の向こうから電話がかかってきそうです。

日本伝統のお菓子を試してもらうのは素敵なアイディアですが、おせんべいとあんこに関しては、相手の嗜好を知ってからの方が安全です。

Episodes of

# OMIYAGE

For Your Best Choice

＊店舗の情報については、上から店舗名、住所、電話番号、営業時間、定休日となっています。
＊本書に掲載している内容は2018年3月現在の情報に基づいています。ご利用の際は事前にご確認下さい。

# 店舗情報

## Shop Information

NO. 001 — NO. 101

chapter 1

## 1章

## 定番おみやげ

### NO. 001
底に富士山が見えるグラス（田島硝子）

**ル・ノーブル銀座店**
東京都中央区銀座1-3-1
銀座富士屋ビル1F
03-6228-7617
11:00〜19:00
無休（年末年始除く）

### NO. 002
江戸切子グラス

**陶柿園**
東京都新宿区神楽坂2-12
03-3260-6940
11:00〜19:00
日曜・月曜・祝日の中で不定休（営業の場合は13:00〜17:00）

### NO. 003
和紙の茶筒

**金吉園**
東京都台東区谷中3-11-10
03-3823-0015
10:00〜19:00
水曜休

### NO. 004
桜の形の湯呑

**金吉園**
東京都台東区谷中3-11-10
03-3823-0015
10:00〜19:00
水曜休

### NO. 005
急須

**金吉園**
東京都台東区谷中3-11-10
03-3823-0015
10:00〜19:00
水曜休

### NO. 006
箸

**銀座夏野**
東京都中央区銀座6-7-4
03-3569-0952
10:00〜20:00（日曜・祝日〜19:00）
年中無休

### NO. 007
箸置き

**銀座夏野**
東京都中央区銀座6-7-4
03-3569-0952
10:00〜20:00（日曜・祝日〜19:00）
年中無休

### NO. 008
漆器のお椀

**内保（うちほ）漆器店**
東京都文京区湯島3-35-5
03-3831-3944
9:30〜18:30
日曜・祝日休

### NO. 009
箸ケース

**銀座夏野**
東京都中央区銀座6-7-4
03-3569-0952
10:00〜20:00（日曜・祝日〜19:00）
年中無休

### NO. 010
ようじ

**日本橋さるや**
東京都中央区日本橋室町1-12-5
03-5542-1905
10:00〜18:00
日曜・祝日休

### NO. 011
扇子

**京扇堂東京店**
東京都中央区日本橋人形町2-4-3
03-3669-0046
10:00〜19:00
日曜・第2土曜・祝日・年末年始休　＊6・7月は無休（営業時間は異なる）

NO. 012
うちわ

**松根屋**
東京都台東区浅草橋2-1-10
03-3863-1301
9:00〜17:30
(土曜〜13:00)
日曜・祝日休

NO. 013
着物帯

**EDO-SAWAYA**
東京都港区南麻布5-2-38
03-3444-2041
10:30〜19:00
日曜・不定休

NO. 014
着物

**福服浅草店**
東京都台東区浅草1-33-3
タケイシビル3F
03-5826-1544
10:00〜19:00
不定休

NO. 015
浴衣

**すなが**
東京都港区麻布十番2-1-8
03-3457-0323
11:00〜19:00
火曜休

NO. 016
和紙や千代紙の小物

**いせ辰**
東京都台東区谷中2-18-9
03-3823-1453
10:00〜18:00
年中無休

NO. 017
浮世絵複製画(アダチ版画研究所)・ポストカード

**太田記念美術館**
東京都渋谷区神宮前1-10-10
03-5777-8600
10:30〜17:30
月曜休(祝日の場合は開館、翌日休館)、展示入替期間・年末年始休

NO. 018
お守り

各地の神社など

NO. 019
風呂敷

**いせ辰**
東京都台東区谷中2-18-9
03-3823-1453
10:00〜18:00
年中無休

NO. 020
忍者コスチューム

**オリエンタルバザー**
東京都渋谷区神宮前5-9-13
03-3400-3933
10:00〜19:00
木曜休

NO. 021
てぬぐい

**ふじ屋**
東京都台東区浅草2-2-15
03-3841-2283
10:00〜18:00
木曜休

NO. 022
風鈴

**能作パレスホテル東京店**
東京都千代田区丸の1-1-1
パレスホテル東京 B1F
03-6273-4720
10:00〜19:00
年中無休

NO. 023
印伝の小物

**印傳屋 青山店**
東京都港区南青山2-12-15
03-3479-3200
10:00〜18:00
無休(年末年始除く)

NO. 024
招き猫

**谷中堂**
東京都台東区谷中5-4-3
03-3822-2297
10:30〜17:30
無休(夏休み・正月休み除く)

NO. 025
組み紐ストラップ(昇苑)

**神保町いちのいち**
東京都千代田区神田神保町1-1 三省堂書店内
03-3233-0285
10:00〜20:00
無休(元日除く)

NO. 026
着物柄の小物

**えり菊南店**
東京都中央区銀座5-9-14
03-3571-1855
10:30〜19:30
(日曜・祝日12:00〜)
年中無休

NO. 027
手芸用生地

**トマト**
東京都荒川区東日暮里6-44-6
10:00〜18:00
日曜・祝日休

NO. 028

法被

**浅草中屋本店**

東京都台東区浅草2-2-12
03-3841-7877
10:00〜18:30
年中無休

NO. 029

消しゴム

**シモジマ浅草橋本店**

東京都台東区浅草橋1-30-10
03-3863-5501
9:00〜18:30
(日曜・祝日10:00〜17:30)
不定休

NO. 030

けん玉

**備後屋**

東京都新宿区若松町10-6
03-3202-8778
10:00〜19:00
月曜・第3土曜とその翌日休
(5・8・11・12月を除く)

NO. 031

キットカット

各種スーパーなど

NO. 032

緑茶

**金吉園**

東京都台東区谷中3-11-10
03-3823-0015
10:00〜19:00
水曜休

NO. 033

ほうじ茶

**楽山**

東京都新宿区神楽坂4-3
03-3260-3401
9:00〜20:00
(土曜9:30〜20:00、日曜・祝日10:00〜18:00)
年中無休

NO. 034

抹茶味のお菓子
(抹茶どら焼き 雅 MIYABI)

**岡埜栄泉総本家**

東京都台東区上野6-14-7
03-3834-3331
9:30〜18:00
無休(元日除く)

NO. 035

日本酒

**はせがわ酒店**

東京都港区麻布十番2-3-3
03-5439-9498
11:00〜20:00
年中無休

NO. 036

柿の種わさび味

各種スーパーなど

chapter 2

2章

変化球おみやげ

NO. 037

漆塗りのつづら・子箱

**岩井つづら店**

東京都中央区日本橋人形町2-10-1
03-3668-6058
9:00〜18:00
日曜・祝日
(第2か第3日曜は営業)

NO. 038

木屋の爪切り
ミニスライドはさみ

**日本橋木屋本店**

東京都中央区日本橋室町2-2-1 COREDO室町1・1F
03-3241-0110
10:00〜20:00
無休(元日除く)

NO. 039

抹茶スターターセット

**一保堂丸の内店**

東京都千代田区丸の内3-1-1 国際ビル1F
03-6212-0202
11:00〜19:00
年末年始休

NO. 040

南部鉄瓶

**いわて銀河プラザ**

東京都中央区銀座5-15-1 南海東京ビル1F
03-3524-8282
10:30〜19:00
(毎月末日〜17:00)
無休(年末年始除く)

NO. 041

そばちょこ(マルヒロ)

**中川政七商店東京本店**

東京都千代田区丸の内2-7-2 KITTE 4F
03-3217-2010
11:00〜21:00
(日曜・祝日〜20:00
祝前日〜21:00)
元日休(KITTEに準じる)

NO. 042

備前焼

**伝統工芸
青山スクエア**

東京都港区赤坂8-1-22 1F
03-5785-1301
11:00〜19:00
無休(年末年始除く)

NO. 043
とらや 豆皿

**とらや
東京ミッドタウン店**
東京都港区赤坂9-7-4 D-B
117 東京ミッドタウン ガレリア地下1F
03-5413-3541
11:00～21:00
無休(元日除く)

NO. 044
枡

**のレン神楽坂店**
東京都新宿区神楽坂1-12
03-5579-2975
10:00～21:00
年中無休

NO. 045
魚の漢字のどんぶり

**かっぱ橋 まえ田**
東京都台東区松が谷1-10-10
03-3845-2822
9:30～17:00
(祝日10:30～)
日曜休

NO. 046
弁当箱

**小見山商店**
東京都中央区築地4-10-3
03-3542-6666
5:00～14:00
水曜・日曜・祝日休

NO. 047
名入り包丁

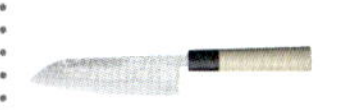

**かまた刃研社**
東京都台東区松が谷2-12-6
03-3841-4205
10:00～18:00
不定休

NO. 048
木製まな板

**釜浅商店**
東京都台東区松が谷2-24-1
03-3841-9355
10:00～17:30
無休(年末年始除く)

NO. 049
砥石
(兼定 包丁中砥石#1000)

**東急ハンズ渋谷店**
東京都渋谷区宇田川町
12-18
03-5489-5111
10:00～21:00
不定休

NO. 050
和菓子の木型

**神田 ちょん子**
東京都千代田区神田須田町
1-11-12-101
03-3255-3990
12:00～19:30
不定休(主に日曜)

NO. 051
お寿司抜き型

**オクダ商店**
東京都台東区松が谷3-17-11
03-3844-1606
9:00～17:00
日曜・祝日休

NO. 052
飯台

**オクダ商店**
東京都台東区松が谷3-17-11
03-3844-1606
9:00～17:00
日曜・祝日休

NO. 053
五十音クッキーカッター

**新井商店**
東京都台東区西浅草1-5-17
03-3841-2809
9:00～17:30
日曜・祝日休

NO. 054
和ろうそく(小大黒屋)

**ふくい南青山291**
東京都港区南青山5-4-41
グラッセリア青山内
03-5778-0291
11:00～19:00
無休
(夏休み・年末年始除く)

NO. 055
富士山おろし
(カネコ小兵製陶所)

**日本百貨店
おかちまち**
東京都台東区上野5-9-3 2k540
AKI-OKA ARTISAN A-1
03-6803-0373
11:00～20:00
水曜休(祝日の場合は営業)・
年末年始休

NO. 056
木刀

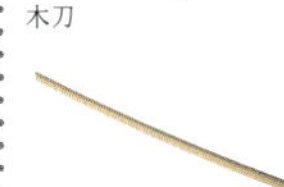

水道橋の武道具店など

NO. 057
ガーデニング用花切り鋏

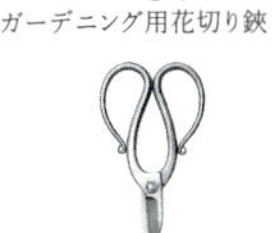

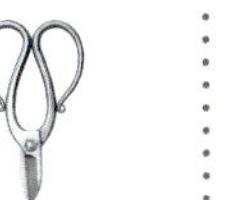

**うぶけや**
東京都中央区日本橋人形町
3-9-2
03-3661-4851
9:00～18:00
(土曜～17:00)
日曜・祝日休

NO. 058
ござ

ホームセンターなど

NO. 059
たたみサンダル

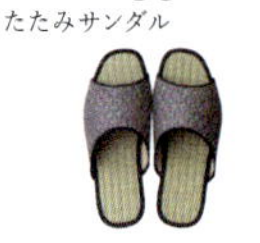

**濱松屋はきもの店**
東京都荒川区西日暮里
3-15-5
03-3828-1301
10:00～18:00（夏～19:00）
月曜休・不定休

NO. 060
雪駄

**濱松屋はきもの店**
東京都荒川区西日暮里
3-15-5
03-3828-1301
10:00～18:00（夏～19:00）
月曜休・不定休

NO. 061
折鶴アクセサリー

**のレン神楽坂店**
東京都新宿区神楽坂1-12
03-5579-2975
10:00～21:00
年中無休

NO. 062
和紙名刺入れ

**日本橋とやま館**
東京都中央区日本橋室町
1-2-6 日本橋大栄ビル1F
03-6262-2723
10:30～19:30（ショップ）
年末年始・ビル施設点検休

NO. 063
和綴じノート

**有便堂**
東京都中央区日本橋室町
1-6-6
03-3241-6504
10:00～18:00
日曜・祝日休

NO. 064
はんこ

**しにものぐるい**
東京都台東区谷中3-11-15
03-6874-2839
10:30～18:00
火曜休

NO. 065
日本画の顔料

**金開堂**
東京都台東区谷中1-5-10
03-3821-5733
9:30～18:30
日曜・祝日休

NO. 066
ご朱印帳

各地の神社など

NO. 067
筆ペン

文房具店など

NO. 068
フリクションボール

文房具店など

NO. 069
干支の小物

**和加奈**
東京都台東区浅草1-2-11
03-3845-3831
11:00～18:15
不定休

NO. 070
こけし

**伝統工芸
青山スクエア**
東京都港区赤坂8-1-22 1F
03-5785-1301
11:00～19:00
無休（年末年始除く）

NO. 071
龍村美術織物の
バッグハンガー

**龍村美術織物関東店**
東京都中央区京橋2-8-1
八重洲中央ビル5F
03-3562-1212
9:30～17:30
土曜・日曜・祝日休

NO. 072
豪華な水引の祝儀袋

**榛原**
東京都中央区日本橋2-7-1
東京日本橋タワー
03-3272-3801
10:00～18:30
（土曜・日曜～17:30）
祝日・お盆・年末年始休

NO. 073
ジーンズ

**とっとり・おかやま
新橋館**
東京都港区新橋1-11-7
新橋センタープレイス1・2F
03-6280-6474（ショップ）
10:00-21:00（ショップ）
無休（年末年始除く）

NO. 074
今治タオル（レジェンダ）
今治タオルブランド認定番号：
第2017-1094号

**今治タオル南青山店**
東京都港区南青山5-3-10
FROM-1st 2F 203号
03-6427-2941
11:00～19:30
第2火曜休（2月第3日曜・
8月第2日曜・年末年始休）

NO. 074
歌舞伎柄フェイスマスク
（丸栄タオル）
今治タオルブランド認定番号：
第2014-762号

**今治浴巾銀座店**
東京都中央区銀座4-13-8
ソフィア・スクエア銀座1F
03-6226-0006
11:00〜19:00
無休（元日除く）

NO. 075
足袋ソックス
（TABI・SQUARE）

**奈良まほろば館**
東京都中央区日本橋室町
1-6-2 日本橋室町162ビル
1F・2F
03-3516-3933
10:30〜19:00
12/31〜1/3休

NO. 076
和風コスメ
選りすぐりのまゆの玉
凍りこんにゃくスポンジ

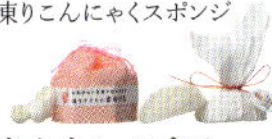

**まかないこすめ
神楽坂本店**
東京都新宿区神楽坂3-1
03-3235-7663
10:30〜20:00（日曜・祝日
11:00〜19:00）
不定休

NO. 076
和風コスメ
胡粉ネイル（上羽絵惣）

**ミヤギ人形町店
MUCCO**
東京都中央区日本橋人形町
2-4-3
03-3662-6813
10:00〜19:00（土曜・日曜・
祝日〜18:30）

NO. 077
根付

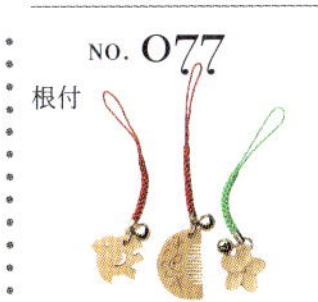

**手ぬぐいのちどり屋**
東京都中央区日本橋人形町
1-7-6
03-5284-8230
11:00〜17:00
不定休

NO. 078
ハローキティグッズ

**サンリオワールドギンザ**
東京都中央区銀座4-1
西銀座1F・2F
03-3566-4060（1F）
03-3566-4040（2F）
11:00〜21:00
（日曜・祝日〜20:00）

NO. 079
あんぱんストラップ

**銀座木村家**
東京都中央区銀座4-5-7
03-3561-0091
10:00〜21:00
無休（大晦日・元日除く）

NO. 080
のれん

**べんがら**
東京都台東区浅草1-35-6
03-3841-6613
10:00〜18:00（土曜・日曜・
祝日〜19:00）
第3木曜休

NO. 081
酒屋の前掛け

**福岡屋**
東京都台東区西浅草2-22-7
03-3841-8555
9:00〜18:00
（日曜・祝日10:00〜17:00）
年末年始休

NO. 082
柚子皮の砂糖漬け

**宗家 源 吉兆庵
銀座本店**
東京都中央区銀座7-8-9
03-5537-5457
10:00〜21:00
（土曜・日曜・祝日〜19:00）
年中無休

NO. 083
日本のウィスキー

各種スーパー・酒店など

NO. 084
梅酒

**箔座日本橋**
東京都中央区日本橋室町
2-2-1 COREDO室町1・1F
03-3273-8941
10:00〜20:00
1/1休・その他不定休
（COREDO室町1に準じる）

NO. 085
日本のワイン

**伊勢丹新宿店B1F
洋酒コーナー**
東京都新宿区新宿3-14-1
03-3352-1111
10:30〜20:00
年中無休

NO. 085
日本のワイン

**日本ワインショップ
遅桜**
東京都港区西麻布4-4-12
Sビル 1F
03-6427-5090
12:00〜20:00
月曜休

NO. 086
えいひれ

スーパーなど

NO. 087
海苔

**山本海苔店**
東京都中央区日本橋室町
1-6-3
03-3241-0290
9:30〜18:00
無休（元日除く）

NO. 088
フリーズドライ味噌汁

**アマノフリーズドライステーション 東京店**
東京都千代田区丸の内
2-7-2 KITTE B1F
03-6256-0911
10:00～21:00（日曜・祝日～20:00、祝前日～21:00）
元日休（KITTEに準じる）

NO. 089
出汁パック（薫る味だし）

**にんべん日本橋本店**
東京都中央区日本橋室町
2-2-1 COREDO室町1・1F
03-3241-0968
10:00～20:00
（12/31のみ～18:00）
COREDO室町1に準じる

NO. 090
干ししいたけ

**八木長本店**
東京都中央区日本橋室町
1-7-2
03-3241-1211
10:00～18:30
無休（1/1・2除く）

NO. 091
生わさびチューブ

各種スーパーなど

NO. 092
柚子こしょう

各種スーパーなど

NO. 093
七味唐辛子

**やげん堀 新仲見世本店**
東京都台東区浅草1-28-3
10:00～18:00
（土曜・日曜・祝日～19:00）
年中無休

NO. 094
さしみ醤油

各種スーパーなど

NO. 095
ブランド米

**おいしい山形プラザ**
東京都中央区銀座1-5-10
ギンザファーストファイブビル
1F・2F
03-5250-1752
10:00～20:00
年末年始休

NO. 096
焼き鳥の缶詰

各種スーパーなど

097
カレーのルー

各種スーパーなど

NO. 098
胡麻ドレッシング

各種スーパーなど

NO. 099
そば茶

各種スーパーなど

NO. 100
男梅

各種スーパーなど

NO. 101
いちごみるくキャンディ

各種スーパーなど

# おわりに

本のエピローグというのは普通、「末筆になりましたが」と一言おいて謝辞で締めくくるものですが、私の場合はあまりにもお世話になったので冒頭で。

今回、「日本のおみやげ」とは何かを改めて見つめ直す機会をつくり、辛抱強くお付き合い下さった浅井さんをはじめ、アノニマ・スタジオ、および本書の制作にたずさわって下さったすべての皆さんに、まずは心よりお礼を申し上げたいと思います。

そしてご縁あって、今この本を手にしているあなたにも、読んで下さってありがとうございます。ちょっと試しに、「おもい(思い)をあげる」と早口で20回くらい言ってみて下さい。おもいをあげる、おもいをあげる、おもいやげる、おみやげる……ちょっと無理はあるものの、だんだん「おみやげ」に近づいた気がしませんか？　皆さんがこれから出会う方を想うところから、すでにおみやげ選びは始まっています。あれこれ考えたけれど、ちょっと迷ってしまったなという時に、本書が少しでもお役に立てればとても嬉しく思います。

……と、やっぱり冒頭の謝辞では足りないのでもう一度。これまで出会った多くのゲストの皆さん、そして形の有り無し問わず、いつもたくさんのおみやげをくれる家族、特に世界各国のおみやげコレクターで、幼い頃から私に旅の楽しさを教えてくれた父に、改めて感謝したいと思います。

豊嶋　操

とよしま・みさお　豊嶋 操

全国通訳案内士、医療通訳、薬剤師。北欧（フィンランド・スウェーデン・デンマーク・ノルウェー）を主としてヨーロッパからのクライアントを中心に、一般のプライベートツアーガイド、企業視察、ミュージシャンのジャパンツアーアテンドなどに従事。近年は、地方自治体主催の地域限定通訳案内士研修講師や、国内外の放送局による日本紹介番組の制作にも関わる。通称・7つ道具バッグ（実際には20種類くらい入っている）をいつも携え、「お呼びとあらば即参上」を信条に各地を飛び回っている。ちなみにバッグの中身は、通訳案内士免許証・バイリンガル地図・5円玉（お賽銭用）・タオル・ホカロン（夏はヒヤロン）・防水パッド・指示棒・計算機・メモ帳など。趣味はリサーチを兼ねた寄り道。

http://tokyocompass.blogspot.jp

撮影
栗林成城

撮影協力
栗林英里

イラストレーション
徳丸ゆう

デザイン
中川寛博（ナカナカ グラフィック）

編集
浅井文子（アノニマ・スタジオ）

「ニッポンおみやげ139景」

2018年5月15日　初版第1刷　発行

著者　豊嶋 操
発行人　前田哲次
編集人　谷口博文
アノニマ・スタジオ
〒111-0051
東京都台東区蔵前2-14-14 2F
Tel.03-6699-1064
Fax.03-6699-1070
発行　KTC中央出版
〒111-0051
東京都台東区蔵前2-14-14 2F
印刷・製本　シナノ書籍印刷株式会社


ISBN 978-4-87758-780-2 C0095

アノニマ・スタジオは、
風や光のささやきに耳をすまし、
暮らしの中の小さな発見を大切にひろい集め、
日々ささやかなよろこびを見つける人と一緒に
本を作ってゆくスタジオです。
遠くに住む友人から届いた手紙のように、
何度も手にとって読みかえしたくなる本、
その本があるだけで、
自分の部屋があたたかく輝いて思えるような本を。